公務員入職

基本法及國安法測試

熱門試題王

Fong Sir 著

U0130773

序言

未來數年，退休公務員的人數將持續增加，每年政府均透過CRE公務員綜合招聘考試來招募人才，為市民提供優質服務。有志加入政府公務員團隊的人士，是時候作好準備，增加獲聘的機會。

公務員綜合招聘考試包括三份45分鐘的試卷，分為「中文運用」、「英文運用」和「能力傾向測試」。此外，還有一份新增的《基本法及香港國安法》測試試卷，它是一張設有中、英文版本的選擇題形式試卷，全卷共20題，考生須於30分鐘內完成。申請人如在20題中答對 10 題或以上，會被視為取得《基本法及香港國安法》測試的及格成績，有關成績可用於申請所有公務員職位。持有《基本法及香港國安法》測試及格成績的申請人，日後將不會被安排再次應考《基本法及香港國安法》測試。成績永久有效，可用於申請學位或專業程度的公務員職位，佔其整體表現的一個適當比重。

答題時間的分配，可謂通過考核的要素。通過本書的熱門試題模擬測試，考生可了解自己的強弱所在，以作針對性的部署。

本書亦詳列《基本法》條文，以便考生隨時翻閱，溫故知新，助你一舉考入公務員行列。

目錄

目錄

CRE簡介

認識公務員綜合招聘考試

公務員綜合招聘考試（CRE）
科目包括：

- 英文運用
- 中文運用
- 能力傾向測試
- 《基本法》知識測試

入職要求

- 應徵學位或專業程度公務員職位者，須在綜合招聘考試的英文運用及中文運用兩張試卷取得二級或一級成績，以符合有關職位的一般語文能力要求。
- 個別進行招聘的政府部門／職系會於招聘廣告中列明有關職位在英文運用及中文運用試卷所需的成績。
- 在英文運用及中文運用試卷取得二級成績的應徵者，會被視為已符合所有學位或專業程度職系的一般語文能力要求。
- 部分學位或專業程度公務員職位要求應徵者除具備英文運用及中文運用試卷的所需成績外，亦須在能力傾向測試中取得及格成績。

考試模式

I. 英文運用

考試模式：

全卷共40題選擇題，限時45分鐘

試題類型：

- Comprehension
- Error Identification
- Sentence Completion
- Paragraph Improvement

評分標準：

成績分為二級、一級及格或不及格，二級為最高等級

擁有以下資歷者可等同獲CRE英文運用考試的二級成績，並可豁免考試：

- 香港中學文憑考試英國語文科5級或以上成績
- 香港高級程度會考英語運用科或 General Certificate of Educa-

tion (Advanced Level) (GCE ALevel) English Language科C
級或以上成績

- 在International English Language Testing System(IELTS)學術
  模式整體分級取得6.5或以上,並在同一次考試中各項個別分
  級取得不低於6的人士,在考試成績的兩年有效期內,其IELTS
  成績可獲接納為等同綜合招聘考試英文運用試卷的二級成績。

擁有以下資歷者可等同獲CRE英文運用考試的一級成績:

- 香港中學文憑考試英國語文科4級成績
- 香港高級程度會考英語運用科或GCE ALevel English Language
  科D級成績

* 備註:持有上述成績者,可因應有意投考的公務員職位的要求,決定是否需要報考英
文運用試卷。

II. 中文運用

考試模式：

全卷共45題選擇題，限時45分鐘

試題類型：

- 閱讀理解
- 字詞辨識
- 句子辨析
- 詞句運用

評分標準：

成績分為二級、一級或不及格，二級為最高等級

擁有以下資歷者可等同獲CRE中文運用考試的二級成績，並可豁免考試：

- 香港中學文憑考試中國語文科5級或以上成績
- 香港高級程度會考中國語文及文化、中國語言文學或中國語文科C級或以上成績

擁有以下資歷者可等同獲CRE中文運用考試的一級成績：

- 香港中學文憑考試中國語文科4級成績
- 香港高級程度會考中國語文及文化、中國語言文學或中國語文科D級成績

*備註：持有上述成績者，可因應有意投考的公務員職位的要求，決定是否需要報考中文運用試卷。

III. 能力傾向測試

考試模式：

全卷共35題選擇題，限時45分鐘

試題類型：

- 演繹推理
- Verbal Reasoning (English)
- Numerical Reasoning

- Data Sufficiency Test
- Interpretation of Tables and Graphs

評分標準：

成績分為及格或不及格

IV.《基本法及香港國安法》測試

《基本法及香港國安法》測試（學位/專業程度職系）是一張設有中英文版本的選擇題形式試卷，全卷共20題，考生須於30分鐘內完成。申請人如在20題中答對10題或以上，會被視為取得《基本法及香港國安法》測試的及格成績，有關成績可用於申請所有公務員職位。

持有《基本法及香港國安法》測試及格成績的申請人，日後將不會被安排再次應考《基本法及香港國安法》測試。

公務員職系要求全面睇

	職系	入職職級	英文運用	中文運用	能力傾向測試
1	會計主任	二級會計主任	二級	二級	及格
2	政務主任	政務主任	二級	二級	及格
3	農業主任	助理農業主任／農業主任	一級	一級	及格
4	系統分析／程序編製主任	二級系統分析／程序編製主任	二級	二級	及格
5	建築師	助理建築師／建築師	一級	一級	及格
6	政府檔案處主任	政府檔案處助理主任	二級	二級	-
7	評稅主任	助理評稅主任	二級	二級	及格
8	審計師	審計師	二級	二級	及格
9	屋宇裝備工程師	助理屋宇裝備工程師／屋宇裝備工程師	一級	一級	及格
10	屋宇測量師	助理屋宇測量師／屋宇測量師	一級	一級	及格
11	製圖師	助理製圖師／製圖師	一級	一級	-
12	化驗師	化驗師	一級	一級	及格
13	臨床心理學家（衛生署、入境事務處）	臨床心理學家（衛生署、入境事務處）	一級	一級	-
14	臨床心理學家（懲教署、香港警務處）	臨床心理學家（懲教署、香港警務處）	二級	二級	-
15	臨床心理學家(社會福利署)	臨床心理學家（社會福利署）	二級	二級	及格
16	法庭傳譯主任	法庭二級傳譯主任	二級	二級	及格
17	館長	二級助理館長	二級	二級	-
18	牙科醫生	牙科醫生	一級	一級	-
19	營養科主任	營養科主任	一級	一級	-
20	經濟主任	經濟主任	二級	二級	-
21	教育主任（懲教署）	助理教育主任（懲教署）	二級	二級	-
22	教育主任（教育局、社會福利署）	助理教育主任（教育局、社會福利署）	二級	二級	-
23	教育主任（行政）	助理教育主任（行政）	二級	二級	-
24	機電工程師（機電工程署）	助理機電工程師／機電工程師（機電工程署）	一級	一級	及格
25	機電工程師（創新科技署）	助理機電工程師／機電工程師（創新科技署）	一級	一級	-

職系	入職職級	英文運用	中文運用	能力傾向測試
26 電機工程師（水務署）	助理電機工程師/ 電機工程師（水務署）	一級	一級	及格
27 電子工程師（民航署、機電工程署）	助理電子工程師/ 電子工程師（民航署、機電工程署）	一級	一級	及格
28 電子工程師（創新科技署）	助理電子工程師/電子工程師（創新科技署）	一級	一級	-
29 工程師	助理工程師/ 工程師	一級	一級	及格
30 娛樂事務管理主任	娛樂事務管理主任	二級	二級	及格
31 環境保護主任	助理環境保護主任/ 環境保護主任	二級	二級	及格
32 產業測量師	助理產業測量師/ 產業測量師	一級	一級	-
33 審查主任	審查主任	二級	二級	及格
34 行政主任	二級行政主任	二級	二級	及格
35 學術主任	學術主任	一級	一級	-
36 漁業主任	助理漁業主任/ 漁業主任	一級	一級	及格
37 警察福利主任	警察助理福利主任	二級	二級	-
38 林務主任	助理林務主任/ 林務主任	一級	一級	及格
39 土力工程師	助理土力工程師/ 土力工程師	一級	一級	及格
40 政府律師	政府律師	二級	一級	-
41 政府車輛事務經理	政府車輛事務經理	一級	一級	-
42 院務主任	二級院務主任	二級	二級	及格
43 新聞主任(美術設計)/(攝影)	助理新聞主任（美術設計）/ （攝影）	一級	一級	-
44 新聞主任（一般工作）	助理新聞主任（一般工作）	二級	二級	及格
45 破產管理主任	二級破產管理主任	二級	二級	及格
46 督學（學位）	助理督學（學位）	二級	二級	-
47 知識產權審查主任	二級知識產權審查主任	二級	二級	及格
48 投資促進主任	投資促進主任	二級	二級	-
49 勞工事務主任	二級助理勞工事務主任	二級	二級	及格
50 土地測量師	助理土地測量師/ 土地測量師	一級	一級	-

	職系	入職職級	英文運用	中文運用	能力傾向測試
51	園境師	助理園境師／園境師	一級	一級	及格
52	法律翻譯主任	法律翻譯主任	二級	二級	-
53	法律援助律師	法律援助律師	二級	一級	及格
54	圖書館館長	圖書館助理館長	二級	二級	及格
55	屋宇保養測量師	助理屋宇保養測量師／屋宇保養測量師	一級	一級	及格
56	管理參議主任	二級管理參議主任	二級	二級	及格
57	文化工作經理	文化工作副經理	二級	二級	及格
58	機械工程師	助理機械工程師／機械工程師	一級	一級	及格
59	醫生	醫生	一級	一級	-
60	職業環境衞生師	助理職業環境衞生師／職業環境衞生師	二級	二級	及格
61	法定語文主任	二級法定語文主任	二級	二級	-
62	民航事務主任 （民航行政管理）	助理民航事務主任（民航行政管理） 民航事務主任（民航行政管理）	二級	二級	及格
63	防治蟲鼠主任	助理防治蟲鼠主任／防治蟲鼠主任	一級	一級	及格
64	藥劑師	藥劑師	一級	一級	-
65	物理學家	物理學家	一級	一級	及格
66	規劃師	助理規劃師／規劃師	二級	二級	及格
67	小學學位教師	助理小學學位教師	二級	二級	-
68	工料測量師	助理工料測量師／工料測量師	一級	一級	及格
69	規管事務經理	規管事務經理	一級	一級	-
70	科學主任	科學主任	一級	一級	-
71	科學主任（醫務）(衞生署)	科學主任（醫務）（衞生署）	一級	一級	-
72	科學主任（醫務） （食物環境衞生署）	科學主任（醫務）（食物環境衞生署）	一級	一級	及格
73	管理值班工程師	管理值班工程師	一級	一級	-
74	船舶安全主任	船舶安全主任	一級	一級	-
75	即時傳譯主任	即時傳譯主任	二級	二級	-

公務員入職 **基本法及國安法測試**熱門試題王

	職系	入職職級	英文運用	中文運用	能力傾向測試
76	社會工作主任	助理社會工作主任	二級	二級	及格
77	律師	律師	二級	一級	-
78	專責教育主任	二級專責教育主任	二級	二級	-
79	言語治療主任	言語治療主任	一級	一級	-
80	統計師	統計師	二級	二級	及格
81	結構工程師	助理結構工程師／結構工程師	一級	一級	及格
82	電訊工程師（香港警務處）	助理電訊工程師／電訊工程師（香港警務處）	一級	一級	-
83	電訊工程師（通訊事務管理局辦公室）	助理電訊工程師／電訊工程師（（通訊事務管理局辦公室））	一級	一級	及格
84	電訊工程師（香港電台）	高級電訊工程師／助理電訊工程師／電訊工程師（香港電台）	一級	一級	-
85	電訊工程師（消防處）	高級電訊工程師（消防處）	一級	一級	-
86	城市規劃師	助理城市規劃師／城市規劃師	二級	二級	及格
87	貿易主任	二級助理貿易主任	二級	二級	及格
88	訓練主任	二級訓練主任	二級	二級	及格
89	運輸主任	二級運輸主任	二級	二級	及格
90	庫務會計師	庫務會計師	二級	二級	及格
91	物業估價測量師	助理物業估價測量師／物業估價測量師	一級	一級	及格
92	水務化驗師	水務化驗師	一級	一級	及格

資料截至2016年3月

12 個最多公務員的部門

部門	實際人數
香港警務處	33217
消防處	10181
食物環境衛生署	10027
康樂及文化事務署	8860
房屋署	8508
入境事務處	7151
懲教署	6631
衛生署	5949
香港海關	5938
社會福利署	5701
郵政署	5060
教育局	5035
其他部門	54357
總數	**166615**

* 統計截至 2017 年 1 月 26 日止

模擬測試

全卷共 20 題，考生須於 30 分鐘內完成。申請人如在 20 題中答對 10 題或以上，會被視為取得《基本法及香港國安法》測試的及格成績。

測試一

全卷共 20 題，考生須於 30 分鐘內完成。

1. 香港從古至今都是屬於哪個國家的領土？

A. 美國

B. 英國

C. 中國

2. 下列哪一項是對《基本法》的法律效力之正確描述？

A. 由全國人民代表大會常務委員會通過，故人大常委會有修改權。

B. 由香港臨時立法會通過，效力以十年為限。

C. 由第七屆全國人民代表大會第三次會議通過

3. 香港特別行政區是中華人民共和國轄下一個享有高度自治權的什麼級別的行政機構？

A. 省

B. 地方行政區域

C. 少數民族自治區

4. 中央政府駐港的外交機構有什麼作用和功能？

A. 方便代表中央政府處理外交事務

B. 作為中港和外國溝通的橋樑

C. 幫助特區政府處理國際事務上的紛爭

5. 為什麼《基本法》要明確列明香港居民的基本權行和義務？

A. 體現中央對港人的尊重，並落實兩制。

B. 擔心傳媒報道有所偏頗

C. 免除日後發生爭議

6. 以下哪一類別人士屬香港永久性居民？

A. 合法入境、連續七年以上居港人士

B. 持單程證來港居住的人士

C. 持雙程證來港居住的人士

7. **行政長官必須對中央和特區政府負責的原因為：**

A. 行政長官是代表香港特別行政區的最高負責人

B. 行政長官不能令特區出現外匯虧損的情況

C. 香港是東方之珠，享譽世界。

8. **香港特別行政區的哪一位官員是香港特別行政區首長？**

A. 立法會主席

B. 政務司司長

C. 行政長官

9. **香港特別行政區行政長官是香港特別行政區的首長，他/她代表哪個權力機構？**

A. 香港特別行政區

B. 國務院

C. 中共中央

10. 香港特別行政區行政長官依照《基本法》的規定，對誰人
負責？

A. 香港特別行政區

B. 中央人民政府

C. 以上皆是

11. **參選行政長官需具備哪些條件？**

A. 年滿35周歲，在外國無居留權。

B. 年滿40周歲，在外國無居留權。

C. 年滿45周歲，在外國無居留權。

12. 香港特別行政區行政長官在當地通過什麼程序產生，由中
央人民政府任命？

A. 委任

B. 選舉或協商

C. 選舉

13. 對於香港居民如何擁有私有財產方面，《基本法》有何規定？

A. 《基本法》規定香港居民有權擁有私人財產

B. 《基本法》列明香港居民的私有財產須撥歸中央所有

C. 《基本法》列明私有財產實行有限公司化

14. 香港回歸祖國後，私有財產者的房屋會不會歸國家所有？

A. 不會

B. 視乎情況

C. 會，尤其一旦改建或僭建會對特區基建造成影響的時候。

15. 《基本法》對本港學校的教學活動方面於使用普通話上，作出何種規定？

A. 規定必須使用普通話

B. 規定使用普通話和英語

C. 無此規定

16. 中央人民政府於香港特別行政區成立什麼組織，目的是依法履行維護國家安全的職責，並行使相關權力？

A. 國家安全處

B. 國家安全委員會

C. 維護國家安全公署

17. 香港特別行政區行政長官，該就香港特別行政區維護國家安全事務，向中央人民政府負責，並就香港特別行政區履行維護國家安全職責的情況提交 _____ 報告。

A. 每月

B. 季度

C. 年度

18. 香港特別行政區維護國家安全委員會設立「國家安全事務顧問」，後者由 _____ 指派，就香港特別行政區維護國家安全委員會履行職責相關事務提出意見。國家安全事務顧問會列席香港特別行政區維護國家安全委員會會議之上。

A. 國務院

B. 國家主席

C. 中央人民政府

19. 駐香港特別行政區維護國家安全公署人員， _____ 遵守全國性法律， _____ 遵守香港特別行政區法律。

A. 需要，亦需要

B. 不需要，只需

C. 只需，不用

20. 香港特別行政區應當通過以下哪些渠道，來開展國家安全教育，藉以提高香港特別行政區居民的國家安全意識和守法意識？

(a) 學校

(b) 社會團體

(c) 報章

(d) 雜誌

(e) 網絡

(f) 媒體

A. (a)、(b)、(c)

B. (a)、(b)、(c)、(d)

C. (a)、(b)、(e)、(f)

測試一答案:

1. C 2. C 3. B 4. A 5. A
6. A 7. A 8. C 9. A 10. C
11. B 12. B 13. A 14. A 15. C

16. C
解釋:根據《港區國安法》第 48 條,中央人民政府在香港特別行政區設立維護國家安全公署。中央人民政府駐香港特別行政區維護國家安全公署依法履行維護國家安全職責,行使相關權力。
駐香港特別行政區維護國家安全公署人員由中央人民政府維護國家安全的有關機關聯合派出。

17. C
解釋:根據《港區國安法》第 11 條,香港特別行政區行政長官應當就香港特別行政區維護國家安全事務向中央人民政府負責,並就香港特別行政區履行維護國家安全職責的情況提交年度報告。
如中央人民政府提出要求,行政長官應當就維護國家安全特定事項及時提交報告。

18. C
解釋:根據《港區國安法》第 15 條,香港特別行政區維護國家安全委員會設立國家安全事務顧問,由中央人民政府指派,就香港特別行政區維護國家安全委員會履行職責相關事務提供意見。國家安全事務顧問列席香港特別行政區維護國家安全委員會會議。

19. A
解釋:根據《港區國安法》第 50 條,駐香港特別行政區維護國家安全公署應當嚴格依法履行職責,依法接受監督,不得侵害任何個人和組織的合法權益。
駐香港特別行政區維護國家安全公署人員除須遵守全國性法律外,還應當遵守香港特別行政區法律。
駐香港特別行政區維護國家安全公署人員依法接受國家監察機關的監督。

20. C
解釋:根據《港區國安法》第 10 條,香港特別行政區應當通過學校、社會團體、媒體、網絡等開展國家安全教育,提高香港特別行政區居民的國家安全意識和守法意識。

測試二

全卷共 20 題，考生須於 30 分鐘內完成。

1. 基本法於何時開始生效？

A. 香港特別行政區成立當日

B. 基本法通過當日

C. 基本法頒佈當日

2. 有人表示：「基本法是羅馬系法律」，這種說法是否正確？

A. 說法正確，與澳門的基本法一樣，由全國人大通過。

B. 說法不正確，取決於實施地的法區，如香港的基本法是普通法。

C. 說法不正確，因為基本法屬於混合法系。

3. 以下哪個組織負責香港外交事務？

A. 香港特區政府

B. 外交部駐港特派員公署

C. 國務院港澳辦

4. 《基本法》內哪些條文能夠體現國家主權？

A. 外交、國防由中央政府負責

B. 特區政府的官員，必須由中央政府任命。

C. 特區首長當選後，須由中央政府加冕。

5. 如何才可以成為香港永久性居民？

A. 通常居港滿七年以上

B. 隨時可以提出申請

C. 以上皆否

6. 香港居民申領特區護照的條件為：

A. 成為香港特區永久性居民

B. 在港住滿七年

C. 要熟識《基本法》

7. **現時行政長官是如何產生出來？**

A. 通過全體香港市民選出來

B. 由中央人民政府選出來

C. 由一個具廣泛代表性的選舉委員會根據《基本法》選出來，並由中央人民政府任命。

8. **香港特別行政區行政長官每屆的任期為：**

A. 三年

B. 四年

C. 五年

9. **香港特別行政區行政長官在任期屆滿後能不能連任？**

A. 可以連任一次

B. 可以連任兩次

C. 不可以連任

10. 行政長官在就任時，應向誰申報財產並記錄在案？

A. 終審法院首席法官

B. 廉政公署署長

C. 警務署署長

11. 以下哪一項不是行政長官的職權範圍？

A. 公布法律

B. 監督駐港解放軍

C. 任免公職人員

12. 香港特別行政區行政長官的職權包括可以向中央人民政府建議免除部分官員，下列哪些官員不包括在內？

(1) 廉政專員

(2) 審計署署長

(3) 終審庭首席法官

(4) 海關關長

(5) 選舉委員會主席

(6) 立法會主席

A. (3)、(5)和(6)

B. (1)、(3)和(4)

C. (1)、(2)和(5)

13. 下列的正確選項為：

A. 特區政府可以隨意徵用私人財產

B. 個人財產的繼承權依照《基本法》受到保障

C. 特區政府在徵用私人財產時，毋須作出賠償。

14. 《基本法》中對制定本港金融制度的規定為：

A. 可自行制定貨幣政策

B. 由中央包辦策劃

C. 與英國共同商訂

15. 《基本法》對香港特別行政區施行國家教育大綱，作出何種規定？

A. 特區可自行決定，不會受到中央政府干預。

B. 暫時不用貫徹國家教育大綱

C. 特區政府正逐步實施

16. 香港特別行政區應當加強維護國家安全和防範恐怖活動的工作。對學校、社會團體、媒體、網絡等涉及國家安全的事宜，香港特別行政區政府應當採取必要措施，加強 _____ 。

(a) 指導

(b) 監督

(c) 監管

(d) 宣傳

(e) 推廣

(f) 管理

A. (a)、(b)、(c)

B. (a)、(b)、(d)、(f)

C. (a)、(b)、(f)

17. 香港特別行政區應當 _____ 完成香港特別行政區基本法規定的維護國家安全立法，完善相關法律。

A. 儘早

B. 盡忠

C. 盡力

18. 香港特別行政區本地法律規定，與港區國安法不一致的，
    _____ 。

A. 以香港本地法律為準

B. 以全國性法律為準

C. 適用港區國安法為準

19. 香港特別行政區應當加強維護國家安全和防範恐怖活動的
    工作。對 _____ 等涉及國家安全的事宜，香港特別行政區
    政府應當採取必要措施，加強宣傳、指導、監督和管理。

A. 學校、電台、電視、網站

B. 學校、社會團體、媒體、網絡

C. 學校、公司、傳媒、機構

20. 下列哪一項情況經香港特區政府或駐香港維護國家安全公署提出，可由駐香港維護國家安全公署對危害國家安全犯罪案件行使管轄權？

(a) 案件涉及外國或境外勢力介入的複雜情況，香港特別行政區管轄確有困難

(b) 出現香港特別行政區政府無法有效執行本法的嚴重情況

(c) 出現國家安全面臨重大現實威脅的情況

A. (a)

B. (a)、(b)

C. (a)、(b)、(c)

測試二答案：

1. A 2. A 3. B 4. A 5. A
6. A 7. C 8. C 9. A 10. A
11. B 12. A 13. B 14. A 15. A

16. B
解釋：根據《港區國安法》第 9 條，香港特別行政區應當加強維護國家安全和防範恐怖活動的工作。對學校、社會團體、媒體、網絡等涉及國家安全的事宜，香港特別行政區政府應當採取必要措施，加強宣傳、指導、監督和管理。

17. A
解釋：根據《港區國安法》第 7 條，香港特別行政區應當儘早完成香港特別行政區基本法規定的維護國家安全立法，完善相關法律。

18. C
解釋：根據《港區國安法》第 62 條，香港特別行政區本地法律規定與本法不一致的，適用本法規定。

19. B
解釋：根據《港區國安法》第 9 條，香港特別行政區應當加強維護國家安全和防範恐怖活動的工作。對學校、社會團體、媒體、網絡等涉及國家安全的事宜，香港特別行政區政府應當採取必要措施，加強宣傳、指導、監督和管理。

20. C
解釋：根據《港區國安法》第 55 條，有以下情形之一的，經香港特別行政區政府或駐香港特別行政區維護國家安全公署提出，並報中央人民政府批准，由駐香港特別行政區維護國家安全公署對本法規定的危害國家安全犯罪案件行使管轄權：
(一) 案件涉及外國或者境外勢力介入的複雜情況，香港特別行政區管轄確有困難的；
(二) 出現香港特別行政區政府無法有效執行本法的嚴重情況的；
(三) 出現國家安全面臨重大現實威脅的情況的。

測試三

全卷共 20 題，考生須於 30 分鐘內完成。

1. 「在香港實施的全國性法律，只可以是基本法附件三提及的法律。」這種説法對嗎？

A. 對

B. 不對，CEPA是全國性法律，於香港有效。

C. 不對，在緊急狀態或於戰爭狀態時例外。

2. 以下何者為《基本法》所規定的政制方面方針？

A. 以《中英聯合聲明》為方針

B. 以法治精神為主導

C. 行政主導

3. 假如香港與其他國家發生經濟糾紛，中央政府會依照什麼處理？

A. 特區政府要求中央協助

B. 內地利益大於特區利益

C. 不會作出調解

4. 駐港部隊於何時進駐香港？

A. 1997年6月1日

B. 1997年7月1日

C. 1997年10月1日

5. 以下哪一項不一定具備成為香港永久性居民的條件？

A. 在港擁有居留權的人士

B. 在港連續住滿七年以上的中國人士

C. 港人在內地所生的子女

6. 假如外籍傭工在港住滿七年，又是否符合成為香港永久性居民的條件？

A. 符合

B. 不符合

C. 視乎情況

7. 行政長官簽署由立法會通過的財政預算案，並將財政預算、決算呈交給：

A. 報中央人民政府批准

B. 報中央人民政府表決

C. 報中央人民政府備案

8. 根據《基本法》規定，香港特別行政區行政長官行使的職權乃是：

A. 簽署立法會通過的法案，公布法律。

B. 決定政府和發布行政命令，依法任免公職人員。

C. 以上兩者皆是

9. 香港特別行政區行政長官可以行使的職權為：

A. 依照法定程序，任免各級法院法官。

B. 赦免或減輕刑事罪犯的刑罰

C. 以上兩者皆是

10. 行政長官在其一任的任期內，可解散立法會多少次？

A. 一次

B. 兩次

C. 三次

11. 香港特別行政區立法會如拒絕批准政府提出的財政預算案，行政長官是否可以向立法會申請臨時撥款？

A. 可以

B. 不可以

C. 《基本法》沒有列明

12. 基於下列哪種情況，行政長官必須辭職？

A. 因嚴重疾病導致無法履行職務

B. 中央政府認為其辦事不力

C. 立法會有超過一半數目的議員，向立法會提出彈劾。

13. 《基本法》中對香港特別行政區稅收制度的規定為：

A. 由中央政府制定政策

B. 實行獨立的稅收政策

C. 須將百分之二十上繳中央政府

14. 中央對香港特區政府的徵稅作出何種規定？

A. 特區政府以供養駐港部隊，以代替上繳的稅款。

B. 特區政府每年須上繳一定百分比的稅收

C. 中央政府不會向特區徵稅

15. 《基本法》中對國內的學歷承認問題，作出何種處理？

A. 相互承認

B. 自行制定承認學歷的政策

C. 不獲得承認

16. 根據中華人民共和國香港特別行政區維護國家安全法第 36
條，凡 _____ 在香港特別行政區內實施本法規定的犯罪
的，均適用本法。犯罪的行為或結果有一項發生在香港特
別行政區內的，就是認為在香港特別行政區內犯罪。

A. 香港居民

B. 中國公民

C. 任何人

17. 根據港區國安法，維護國家主權、統一和領土完整是屬於
哪個團體的義務？

A. 全中國人民，包括香港居民

B. 全中國人民，香港居民除外

C. 香港居民

18. 根據《港區國安法》第 4 條，香港特別行政區維護國家安全應當尊重和保障人權，依法保護香港特別行政區居民根據香港特別行政區基本法和其他公約適用於香港的有關規定享有的包括結社、集會、遊行、示威的自由，_____ 在內的權利和自由。

A. 言論、新聞、出版的自由

B. 旅遊、移居、出入境的自由

C. 教育、生育、資金進出的自由

19. 根據港區國安法，香港特別行政區應當通過什麼渠道開展國家安全教育，提高香港特別行政區居民的國家安全意識和守法意識？

A. 報章、網絡

B. 報章、網絡、電視

C. 網絡、學校、社會團體、媒體

20.香港特別行政區維護國家安全委員會,乃由行政長官擔任
主席,成員包括政務司長、財政司長、律政司長、保安局
局長、_____、本法第 16 條規定的警務處維護國家安全
部門的負責人、_____、_____ 和行政長官辦公室主任。

A. 警務處處長、懲教署署長、海關關長

B. 懲教署署長、入境事務處處長、海關關長

C. 警務處處長、入境事務處處長、海關關長

測試三答案：

1. C　2. C　3. A　4. B　5. C
6. B　7. C　8. C　9. C　10. A
11. A　12. A　13. B　14. C　15. B

16. C
解釋：根據《港區國安法》第 36 條，任何人在香港特別行政區內實施本法規定的犯罪的，適用本法。犯罪的行為或者結果有一項發生在香港特別行政區內的，就認為是在香港特別行政區內犯罪。
在香港特別行政區註冊的船舶或者航空器內實施本法規定的犯罪的，也適用本法。

17. A
解釋：根據《港區國安法》第 6 條，維護國家主權、統一和領土完整是包括香港同胞在內的全中國人民的共同義務。
在香港特別行政區的任何機構、組織和個人都應當遵守本法和香港特別行政區有關維護國家安全的其他法律，不得從事危害國家安全的行為和活動。
香港特別行政區居民在參選或者就任公職時應當依法簽署文件確認或者宣誓擁護中華人民共和國香港特別行政區基本法，效忠中華人民共和國香港特別行政區。

18. A
解釋：根據《港區國安法》第 4 條，香港特別行政區維護國家安全應當尊重和保障人權，依法保護香港特別行政區居民根據香港特別行政區基本法和《公民權利和政治權利國際公約》、《經濟、社會與文化權利的國際公約》適用於香港的有關規定享有的包括言論、新聞、出版的自由，結社、集會、遊行、示威的自由在內的權利和自由。

19. C
解釋：根據《港區國安法》第 10 條，香港特別行政區應當通過學校、社會團體、媒體、網絡等開展國家安全教育，提高香港特別行政區居民的國家安全意識和守法意識。

20. C
解釋：根據《港區國安法》第 13 條，香港特別行政區維護國家安全委員會由行政長官擔任主席，成員包括政務司長、財政司長、律政司長、保安局局長、警務處處長、本法第 16 條規定的警務處維護國家安全部門的負責人、入境事務處處長、海關關長和行政長官辦公室主任。
香港特別行政區維護國家安全委員會下設秘書處，由秘書長領導。秘書長由行政長官提名，報中央人民政府任命。

測試四

全卷共 20 題，考生須於 30 分鐘內完成。

1. 以下何者為特區立法機關和行政機關的關係之正確描述？

A. 相互配合，相互制衡。

B. 相互配合，相互聯繫。

C. 相互幫助，相互合作。

2. 下列哪一項為《基本法》的正確實施時間？

A. 1997年1月1日

B. 1997年7月1日

C. 1997年10月1日

3. 解放軍進駐香港的職責為：

A. 肩負香港特區的防務工作

B. 保護香港特區免受外敵入侵，平穩發展本港各行各業，促進本港經濟。

C. 增加香港同胞對國家的歸屬感

4. 駐港部隊與特區政府如何維持關係？

A. 駐軍須履行防務責任，彼此互不隸屬，大家各不干預。

B. 兩者相互合作，彼此聯繫。

C. 共同直屬中央領導，大家保持良好的合作關係。

5. 香港特別行政區對持有英國屬土公民及國民(海外)護照的使用者，作出何種的處理方法？

A. 容許繼續使用

B. 不容繼續使用

C. 特區成立五十年後不得使用

6. 《中國國籍法》對香港特別行政區的規定是什麼？

A. 雙重國籍不予以承認，在進入香港特區時申報國籍及絕不承認英國政府的「居英權」計劃。

B. 承認雙重國籍及在進入特區時申報國籍

C. 在進入特區時不需要申報國籍及承認英國政府的「居英權」計劃

7. 假如行政長官因立法會拒絕通過財政預算案，或其他重要法案而解散立法會，而重選出來的立法會繼續拒絕通過爭議的原案之情況下，行政長官便需要：

A. 辭職

B. 再次解散立法會

C. 交由行政會議審批

8. 假如香港特別行政區行政長官在短期內不能履行職務，其工作會依次由下列哪些官員臨時代理？

A. 政務司司長、律政司司長、財政司司長

B. 政務司司長、財政司司長、律政司司長

C. 律政司司長、政務司司長、財政司司長

9. 如當行政長官缺位，依照《基本法》應在什麼時候產生新的行政長官？

A. 三個月內

B. 半年內

C. 一年內

10. 香港特別行政區內哪個組織是協助行政長官執行決策的機關？

A. 中央政策組

B. 行政長官辦公室

C. 行政會議

11. 特區「行政會議」的成員是由行政長官由哪些人士中挑選？

(1)政黨黨魁

(2)行政機關的主要官員

(3)立法會議員

(4)社會人士

A. (1)、(2)和(3)

B. (2)、(3)和(4)

C. 以上皆是

12. 根據《基本法》第五十六條規定，行政長官在以下哪些情況下，須徵詢行政會議的意見？

(1)作出重要決策

(2)委任高級公務員

(3)緊急情況下採取的措施

(4)向立法會提交法案

A. (1)、(2)和(3)

B. (1)和(4)

C. 以上皆是

13. 內地稅制在港適用嗎？

A. 部份可以採用

B. 中、港雙重抽稅

C. 完全不適用

14.《基本法》中對香港「自由港」地位作出何種規定？

A. 可以繼續保持「自由港」的自由地位

B. 只限有貿易交往的國家

C. 凡出境或入境都不用證明文件

15. 香港與內地的專業資格評審制度，是如何銜接？

A. 會積極考慮銜接問題

B. 暫時不會考慮銜接問題

C. 銜接與否的問題，會交由特區政府研究及決定，特區政府可在保留專業基礎上自行制定評審方法。

16. 防範、制止和懲治危害國家安全犯罪，均以 _____ 為原則。法律規定為犯罪行為的，依照法律定罪處刑；法律沒有規定為犯罪行為的，不得定罪處刑。

A. 國家安全

B. 法治

C. 假定無罪

17. 為堅定不移並全面準確貫徹「一國兩制」、「港人治港」、高度自治的方針,維護國家安全,防範、制止和懲治與香港特別行政區有關的 _____ 、 _____ 、 _____ 和勾結外國或者境外勢力危害國家安全等犯罪,保持香港特別行政區的繁榮和穩定,保障香港特別行政區居民的合法權益,根據中華人民共和國憲法、中華人民共和國香港特別行政區基本法和全國人民代表大會關於建立健全香港特別行政區維護國家安全的法律制度和執行機制的決定,制定本法。

(a) 分裂國家

(b) 從國家分裂香港

(c) 顛覆國家政權

(d) 竊取國家機密

(e) 組織實施恐怖活動

(f) 組織間諜活動

A. (a)、(c)、(e)

B. (a)、(c)、(f)

C. (b)、(c)、(f)

18. 任何人一旦經法院判決犯危害國家安全罪行的，即喪失作為候選人參加香港特別行政區舉行的 ＿＿＿＿ 、 ＿＿＿＿ 選舉或者出任香港特別行政區任何公職，或者行政長官選舉委員會委員的資格。

A. 立法會、區議會

B. 立法會內務小組、區議會

C. 行政會、區議會

19. 以下哪項最能夠準確描述制定《中華人民共和國香港特別行政區維護國家安全法》的法律依據？

(a) 中華人民共和國憲法

(b) 中華人民共和國香港特別行政區基本法

(c) 中華人民共和國刑法

(d) 全國人民代表大會關於建立健全香港特別行政區維護國家安全的法律制度和執行機制的決定

(e) 中華人民共和國國家安全法

A. (a)、(b)

B. (a)、(b)、(c)

C. (a)、(b)、(d)

20. 香港特別行政區行政機關、立法機關、司法機關應當依據本法和其他有關法律規定有效 ＿＿＿＿＿ 危害國家安全的行為和活動。

(a) 制止

(b) 防範

(c) 解決

(d) 懲治

A. (a)、(b)

B. (a)、(b)、(d)

C. (a)、(d)

測試四答案：

1. A　2. B　3. A　4. A　5. A
6. A　7. A　8. B　9. B　10. C
11. B　12. B　13. C　14. A　15. C

16. B
解釋：根據《港區國安法》第 5 條，防範、制止和懲治危害國家安全犯罪，應當堅持法治原則。法律規定為犯罪行為的，依照法律定罪處刑；法律沒有規定為犯罪行為的，不得定罪處刑。

任何人未經司法機關判罪之前均假定無罪。保障犯罪嫌疑人、被告人和其他訴訟參與人依法享有的辯護權和其他訴訟權利。任何人已經司法程序被最終確定有罪或者宣告無罪的，不得就同一行為再予審判或者懲罰。

17. A
解釋：根據《港區國安法》第 1 條，為堅定不移並全面準確貫徹「一國兩制」、「港人治港」、高度自治的方針，維護國家安全，防範、制止和懲治與香港特別行政區有關的分裂國家、顛覆國家政權、組織實施恐怖活動和勾結外國或者境外勢力危害國家安全等犯罪，保持香港特別行政區的繁榮和穩定，保障香港特別行政區居民的合法權益，根據中華人民共和國憲法、中華人民共和國香港特別行政區基本法和全國人民代表大會關於建立健全香港特別行政區維護國家安全的法律制度和執行機制的決定，制定本法。

18. A
解釋：根據《港區國安法》第 35 條，任何人經法院判決犯危害國家安全罪行的，即喪失作為候選人參加香港特別行政區舉行的立法會、區議會選舉或者出任香港特別行政區任何公職或者行政長官選舉委員會委員的資格；曾經宣誓或者聲明擁護中華人民共和國香港特別行政區基本法、效忠中華人民共和國香港特別行政區的立法會議員、政府官員及公務人員、行政會議成員、法官及其他司法人員、區議員，即時喪失該等職務，並喪失參選或者出任上述職務的資格。

前款規定資格或者職務的喪失，由負責組織、管理有關選舉或者公職任免的機構宣佈。

19. C

解釋：根據《港區國安法》第 1 條，為堅定不移並全面準確貫徹「一國兩制」、「港人治港」、高度自治的方針，維護國家安全，防範、制止和懲治與香港特別行政區有關的分裂國家、顛覆國家政權、組織實施恐怖活動和勾結外國或者境外勢力危害國家安全等犯罪，保持香港特別行政區的繁榮和穩定，保障香港特別行政區居民的合法權益，根據中華人民共和國憲法、中華人民共和國香港特別行政區基本法和全國人民代表大會關於建立健全香港特別行政區維護國家安全的法律制度和執行機制的決定，制定本法。

20. B

解釋：根據《港區國安法》第 3 條，中央人民政府對香港特別行政區有關的國家安全事務負有根本責任。

香港特別行政區負有維護國家安全的憲制責任，應當履行維護國家安全的職責。

香港特別行政區行政機關、立法機關、司法機關應當依據本法和其他有關法律規定有效防範、制止和懲治危害國家安全的行為和活動。

測試五

全卷共 20 題，考生須於 30 分鐘內完成。

1. 何時頒布《基本法》？

A. 1989年4月4日

B. 1990年4月4日

C. 1997年4月4日

2. 香港特別行政區成立紀念日的正確日子為：

A. 7月1日

B. 10月1日

C. 12月20日

3. 誰負責駐港部隊的日常開支？

A. 香港特別行政區政府

B. 中央人民政府

C. 由中央政府和特區政府共同承擔

4. 《基本法》中對港人服兵役的條文有什麼規定？

A. 准許港人入伍

B. 志願者可予以推薦

C. 不會在港徵兵

5. 香港特別行政區的永久性居民和非永久性居民有何分別？

A. 是否擁居留有權

B. 是否擁有過境權

C. 是否擁有越境權

6. 凡持有BNO證件的香港中華人民共和國公民，在中國其他地區有什麼保障？

A. 可享受中國和英國的領事保護

B. 不可享受英國領事保護

C. 只可享受英國領事保護

7. 行政長官在按《基本法》第五十條解散立法會前，須徵詢誰的意見？

A. 全國人民代表大會常務委員會

B. 中央人民政府

C. 行政會議

8. 香港特別行政區行政會議的成員是由＿＿＿＿＿＿＿產生？

A. 行政長官委任

B. 選舉

C. 中央委任

9. 行政長官如不採納行政會議多數成員的意見，經協商後仍然未能取得一致的意見，那麼行政長官可以怎樣處理？

A. 解散行政會議

B. 應將具體理由記錄在案

C. 不用理會

10. 協助行政長官作決定的組織名稱是：

A. 立法會

B. 終審法院

C. 行政會議

11. 廉政公署和＿＿＿＿＿＿都是獨立工作，直接向行政長官負責。

A. 審計署

B. 政制及內地事務局

C. 教育局

12. 假如說：「特區政府分別設立審計處和廉政公署，兩個部門各自獨立工作，兩者都對行政長官負責。」以上的說法對嗎？

A. 對

B. 不對

C. 只設立廉政公署，沒有設立審計署。

13. 香港和其他國家簽下「關貿協定」所用的名稱為：

A. 香港特區政府

B. 中華人民共和國香港

C. 香港貿易發展局

14.《基本法》中對香港的私營企業作出何種規定？

A. 不會受到限制

B. 港商不得和外商聯營業務

C. 必須加入中華人民共和國資本合作經營

15.《基本法》對香港特別行政區學校往外聘請教職員方面，作出何種規定？

A. 由學校自行決定，不受限制。

B. 只能聘任英文科目

C. 國籍的比例會受到監管

16. 《港區國安法》以全國性法律形式，納入《香港特別行政區基本法》哪份附件之中？

A. 一和二

B. 二和三

C. 三

17. 任何人經法院判決犯危害國家安全罪行的，即喪失作為候選人參加 ＿＿＿＿＿ 。

A. 立法會、區議會選舉的資格

B. 立法會、區議會選舉，或出任香港特別行政區任何公職的資格

C. 立法會、區議會選舉，或出任香港特別行政區任何公職，或行政長官選舉委員會委員的資格

18. 香港特別行政區適用國安法時，內地所規定的「無期徒刑」即是指香港的 _____？

A. 監禁

B. 社會服務令

C. 終身監禁

19. 香港特別行政區任何機構、組織和個人在行使 _____ 時，均不得違反香港特別行政區基本法第 1 條和第 12 條的規定。

A. 權利

B. 自由

C. 權利和自由

20. 犯罪的行為或者結果有一項發生在香港特別行政區內的，就認為是在香港特別行政區內犯罪。包括下列哪一項：

(a) 在香港特別行政區註冊的船舶

(b) 在香港特別行政區註冊的航空器

(c) 在香港特別行政區註冊的高鐵列車

A. (a)、(b)

B. (a)、(b)、(c)

C. (a)、(c)

測試五答案：

1. B　2. A　3. B　4. C　5. A
6. B　7. C　8. A　9. B　10. C
11. A　12. A　13. B　14. A　15. A

16. C
解釋：根據《港區國安法》引言，鑑於《中華人民共和國香港特別行政區基本法》第
18　條規定，列於該法附件三的全國性法律，由香港特別行政區在當地公布或立法實
施，並規定全國人民代表大會常務委員會在徵詢其所屬的香港特別行政區基本法委員
會和香港特別行政區政府的意見後，可對列於該法附件三的法律作出增減。
又鑑於在 2020 年 6 月 30 日第十三屆全國人民代表大會常務委員會第二十次會議上，
全國人民代表大會常務委員會在徵詢香港特別行政區基本法委員會和香港特別行政區
政府的意見後，決定將《中華人民共和國香港特別行政區維護國家安全法》加入列於
《中華人民共和國香港特別行政區基本法》附件三的全國性法律。
因此本人，香港特別行政區行政長官林鄭月娥，現公布：列於附表的《中華人民共和
國香港特別行政區維護國家安全法》自 2020 年 6 月 30 日晚上 11 時起在香港特別
行政區實施。

17. C
解釋：根據《港區國安法》第 35　條，任何人經法院判決犯危害國家安全罪行的，即
喪失作為候選人參加香港特別行政區舉行的立法會、區議會選舉或者出任香港特別行
政區任何公職或者行政長官選舉委員會委員的資格；曾經宣誓或者聲明擁護中華人民
共和國香港特別行政區基本法、效忠中華人民共和國香港特別行政區的立法會議員、
政府官員及公務人員、行政會議成員、法官及其他司法人員、區議員，即時喪失該等
職務，並喪失參選或者出任上述職務的資格。
前款規定資格或者職務的喪失，由負責組織、管理有關選舉或公職任免的機構宣佈。

18. C
解釋：根據《港區國安法》第　64　條，香港特別行政區適用本法時，本法規定的「
有期徒刑」、「無期徒刑」、「沒收財產」和「罰金」分別指「監禁」、「終身監
禁」、「充公犯罪所得」和「罰款」，「拘役」參照適用香港特別行政區相關法律規
定的「監禁」、「入勞役中心」、「入教導所」，「管制」參照適用香港特別行政區
相關法律規定的「社會服務令」、「入感化院」、「吊銷執照或者營業許可證」指香
港特別行政區相關法律規定的「取消註冊或者註冊豁免，或者取消牌照」。

19. C
解釋：根據《港區國安法》第 2 條，關於香港特別行政區法律地位的香港特別行政區基本法第 1 條和第 12 條規定是香港特別行政區基本法的根本性條款。香港特別行政區任何機構、組織和個人行使權利和自由，不得違背香港特別行政區基本法第 1 條和第 12 條的規定。

20. A
解釋：根據《港區國安法》第 36 條，任何人在香港特別行政區內實施本法規定的犯罪的，適用本法。犯罪的行為或者結果有一項發生在香港特別行政區內的，就認為是在香港特別行政區內犯罪。

在香港特別行政區註冊的船舶或者航空器內實施本法規定的犯罪的，也適用本法。

測試六

全卷共 20 題，考生須於 30 分鐘內完成。

1. **香港回歸祖國的日子為：**

   A. 1984年12月19日

   B. 1997年7月1日

   C. 1999年12月20日

2. **中華人民共和國政府於1997年7月1日是如何對香港行使主權？**

   A. 恢復

   B. 租借

   C. 收回

3. **為何中央政府要負責特區外交事務？**

   A. 中國政府恢復行使香港主權的最主要標誌

   B. 中央政府義務肩負起外交事務是對香港特區政府的關懷

   C. 外交由宗主國處理，避免特匱政府捲入政治漩渦。

4. **駐港部隊有何措施不干預香港事務？**

A. 每年舉辦一次開放日

B. 駐軍必須遵守全國性和特區的法律

C. 不許干預特區政府日常的行政工作，只可以參與

5. **根據《基本法》，「香港居民」是指：**

A. 香港特別行政區永久性居民和非永久性居民

B. 香港特別行政區永久性居民

C. 《基本法》內沒有説明

6. **中國《國籍法》在香港特別行政區實施有什麼規定？**

A. 雙重國籍不獲承認，在進入特區時申報國籍及絕不承認英國政府的「居英權」計劃

B. 承認雙重國籍及在進入特區時申報國籍

C. 沒有列明

7. 行政長官的產生辦法已列入《基本法》哪一個附件中？

A. 附件一

B. 附件二

C. 附件三

8. 在2017年的特首選舉中，行政長官的選舉委員會委員由_____人組成。

A. 一千二百人

B. 一千四百人

C. 二千一百人

9. 行政長官選舉委員會每屆的任期為：

A. 三年

B. 四年

C. 五年

10. 選舉委員會是由各個界別的法定團體，按照選舉辦法而自行選出委員會委員，並以何種身份投票？

A. 委員代表自己的政黨投票

B. 委員代表自己的團體投票

C. 委員以個人身份投票

11. 選舉委員會委員聯合提名行政長官候選人，每名委員只可以提出＿＿＿名候選人。

A. 一

B. 兩

C. 三

12. 選舉委員會以何種方式，由所有獲得提名的行政長官候選人之中，選出一位候任人？

A. 有記名的一人一票

B. 無記名的一人一票

C. 按燈投票

13. 《基本法》中對貨幣匯兌作出何種規定？

A. 限制攜帶巨款進出邊境

B. 外匯買賣及進出不會受到限制

C. 所有巨額的匯款都必須向海關作出申報

14. 《基本法》對本港回歸祖國後，所簽發產地來源證作出何種規定？

A. 必須呈報中央政府作審核

B. 可以簽發產地來源

C. 不可以簽發產地來源

15. 香港特別行政區在學術自由方面，作出何種規定？

A. 只有私人院校，才能享有學術自由。

B. 只有大專或以上學府，才可保留學術自由方面的自主。

C. 不論各類院校，均可以保留學術自由方面的自主性。

16. 根據《港區國安法》第 3 章第 3 節，宣揚恐怖主義、煽動實施恐怖活動者，即屬犯罪。情節嚴重的，犯者會被判處 _____ 的有期徒刑，並處罰金或者沒收財產。

A. 五年以上、十年以下

B. 六年以上、十二年以下

C. 七年以上、十五年以下

17. 香港特別行政區律政司設立專門的 _____ 部門，負責處理危害國家安全犯罪案件的檢控工作和其他相關法律事務。該部門檢控官由律政司長徵得香港特別行政區維護國家安全委員會同意後任命。

A. 國家安全犯罪案件審核

B. 國家安全犯罪案件檢控

C. 國家安全相關事務的行政

18. 凡律政司長發出毋須在有陪審團證書，高等法院原訟法庭應當在沒有陪審團的情況下進行審理，並由幾多名法官組成審判庭？

A. 兩

B. 三

C. 五

19. 香港特別行政區維護國家安全委員會由行政長官擔任主席，成員包括政務司長、財政司長、律政司長、保安局局長、警務處處長、本法第 16 條規定的警務處維護國家安全部門的負責人、還包括什麼官員？

A. 入境事務處處長、海關關長、行政長官辦公室主任

B. 入境事務處處長、海關關長、飛行服務隊總監、民安隊處長

C. 入境事務處處長、海關關長

20. 除《港區國安法》另有規定外，_____ 、_____ 、_____ 和 _____ 應當按照香港特別行政區的其他法律處理就危害國家安全犯罪案件提起的刑事檢控程序。

(a) 律政司

(b) 裁判法院

(c) 高等法院

(d) 終審法院

(e) 區域法院

(f) 香港特別行政區行政長官

(g) 香港特別行政區維護國家安全委員會

A. (a)、(b)、(c)、(d)

B. (a)、(c)、(d)、(g)

C. (b)、(c)、(d)、(e)

測試六答案：

1. B 2. A 3. A 4. B 5. A
6. A 7. A 8. A 9. C 10. C
11. A 12. B 13. B 14. A 15. C

16. A
解釋：根據《港區國安法》第 27 條，宣揚恐怖主義、煽動實施恐怖活動的，即屬犯罪。情節嚴重的，處五年以上十年以下有期徒刑，並處罰金或者沒收財產；其他情形，處五年以下有期徒刑、拘役或者管制，並處罰金。

17. B
解釋：根據《港區國安法》第 18 條，香港特別行政區律政司設立專門的國家安全犯罪案件檢控部門，負責危害國家安全犯罪案件的檢控工作和其他相關法律事務。該部門檢控官由律政司長徵得香港特別行政區維護國家安全委員會同意後任命。
律政司國家安全犯罪案件檢控部門負責人由行政長官任命，行政長官任命前須書面徵求本法第 48 條規定的機構的意見。律政司國家安全犯罪案件檢控部門負責人在就職時應當宣誓擁護中華人民共和國香港特別行政區基本法，效忠中華人民共和國香港特別行政區，遵守法律，保守秘密。

18. B
解釋：根據《港區國安法》第 46 條，對高等法院原訟法庭進行的就危害國家安全犯罪案件提起的刑事檢控程序，律政司長可基於保護國家秘密、案件具有涉外因素或者保障陪審員及其家人的人身安全等理由，發出證書指示相關訴訟毋須在有陪審團的情況下進行審理。凡律政司長發出上述證書，高等法院原訟法庭應當在沒有陪審團的情況下進行審理，並由三名法官組成審判庭。
凡律政司長發出前款規定的證書，適用於相關訴訟的香港特別行政區任何法律條文關於「陪審團」或者「陪審團的裁決」，均應當理解為指法官或者法官作為事實裁斷者的職能。

19. A

解釋：根據《港區國安法》第 13 條，香港特別行政區維護國家安全委員會由行政長官擔任主席，成員包括政務司長、財政司長、律政司長、保安局局長、警務處處長、本法第 16 條規定的警務處維護國家安全部門的負責人、入境事務處處長、海關關長和行政長官辦公室主任。

香港特別行政區維護國家安全委員會下設秘書處，由秘書長領導。秘書長由行政長官提名，報中央人民政府任命。

20. C

解釋：根據《港區國安法》第 45 條，除本法另有規定外，裁判法院、區域法院、高等法院和終審法院應當按照香港特別行政區的其他法律處理就危害國家安全犯罪案件提起的刑事檢控程序。

測試七

全卷共 20 題，考生須於 30 分鐘內完成。

1. 制定《基本法》並賦予香港特區高度自治的是哪一個國家機關？

   A. 全國人民代表大會

   B. 統戰部

   C. 中宣部

2. 誰制定《基本法》？

   A. 終審法院

   B. 香港立法會

   C. 全國人民代表大會

3. 根據《基本法》，香港特別行政區在以下哪些方面沒有自治權？

(1) 立法

(2) 外交

(3) 國防

A. 以上皆是

B. (1)和(2)

C. (2)和(3)

4. 就防務的安排上，中央如何對香港特別行政區行使主權？

A. 在決定香港警務處處長的人選上有委任權

B. 於必要時，可增派內地公安協助香港警察執行防務。

C. 派遣解放軍駐守香港特別行政區

5. **哪些是香港居民可享有的法律權利？**

A. 行政長官不受法律制裁

B. 高官可以免受檢控

C. 法律面前，人人平等。

6. **在《基本法》中，下列哪一項權利是永久性香港居民擁有，而非永久性香港居民不可擁有？**

A. 選舉權和被選舉權

B. 婚姻自由的權利

C. 法律諮詢及提訴訟權

7. 在2007年以後立法會的產生，如需修改，必須經過下列何種程序？

(1)全體立法會議員的三分之二多數通過

(2)行政長官同意

(3)全國人民代表大會常務委員會批准

(4)報全國人民代表大會常務委員會備案

A. (1)、(2)和(3)

B. (1)、(2)和(4)

C. 以上皆是

8. 選舉委員會可以提名行政長官候選人，但要不少於＿＿＿名選舉委員會提名。

A. 一百名

B. 一百五十名

C. 二百名

9. 行政長官選舉委員會的委員，乃是來自香港哪些人士？

A. 政經界

B. 工商界

C. 社會各界

10. 《基本法》中對特區政府各部門（及其公務人員）向中央政府進行工作報告的規定為：

A. 視乎報告的性質而定

B. 施政報告則需要

C. 未有特別規定

11. 行政長官每年都要向立法會提交_____。

A. 社福報告

B. 財政預算案

C. 施政報告

12. 由行政長官提名並報請中央人民政府任命的主要官員包括：

(1)各司司長

(2)各局副局長

(3)行政會議成員

(4)終審法院法官

(5)海關關長

(6)入境事務處處長

A. (1)、(2)、(4)、(5)和(6)

B. (1)、(2)、(3)和(5)

C. (1)、(5)和(6)

13. 香港特別行政區政府的理財是以_____作準則？

A. 少入多出

B. 量入為出

C. 多入少出

14. 外匯管制政策在何時實行？

A. 即將實行

B. 不會實行

C. 視情況而定

15.《基本法》對回歸後的港人到外國留學，作出何種規定？

A. 只有待在香港境內選擇院校的自由

B. 享有到特區以外地區求學的自由

C. 必須經由中國外交部的審批

16. 因實施國安法規定的犯罪而獲得的資助、收益、報酬等違法所得以及用於或者意圖用於犯罪的資金和工具，應當予以 _____ 。

A. 償還市民

B. 追繳、沒收

C. 罰款

17. 辦理《港區國安法》的執法和司法機關及其人員，應當對辦案過程中知悉的國家秘密、商業秘密和個人隱私予以 _____ 。

A. 公開，讓大眾知情

B. 保密

C. 慎言

18. 對高等法院原訟法庭進行，就危害國家安全犯罪案件提出的刑事檢控程序，律政司長可基於保護國家秘密、案件具有涉外因素或者保障陪審員及其家人的人身安全等理由，發出證書指示相關訴訟 _____ 的情況下進行審理。

A. 毋須於有陪審團

B. 在少過法定數量陪審團

C. 不公開陪審團資料

19. 香港特別行政區執法、司法機關應當切實執行本法和香港特別行政區現行法律有關 _____ 危害國家安全行為和活動的規定，有效維護國家安全。

A. 解決和懲罰

B. 防範、制止和懲治

C. 制止和懲治

20.防範、制止和懲治危害國家安全犯罪，應當堅持法治原則。法律規定為犯罪行為的，依照法律定罪處刑；法律沒有規定為犯罪行為的，_____。

A. 需視乎情況處刑

B.由法院決定處刑

C. 不得定罪處刑

測試七答案：

1. A　2. C　3. C　4. C　5. C
6. A　7. B　8. B　9. C　10. C
11. C　12. C　13. B　14. B　15. B

16. B
解釋：根據《港區國安法》第 32 條，因實施本法規定的犯罪而獲得的資助、收益、報酬等違法所得以及用於或者意圖用於犯罪的資金和工具，應當予以追繳、沒收。

17. B
解釋：根據《港區國安法》第 63 條，辦理本法規定的危害國家安全犯罪案件的有關執法、司法機關及其人員或者辦理其他危害國家安全犯罪案件的香港特別行政區執法、司法機關及其人員，應當對辦案過程中知悉的國家秘密、商業秘密和個人隱私予以保密。

擔任辯護人或者訴訟代理人的律師應當保守在執業活動中知悉的國家秘密、商業秘密和個人隱私。

配合辦案的有關機構、組織和個人應當對案件有關情況予以保密。

18. A
解釋：根據《港區國安法》第 46 條，對高等法院原訟法庭進行的就危害國家安全犯罪案件提起的刑事檢控程序，律政司長可基於保護國家秘密、案件具有涉外因素或者保障陪審員及其家人的人身安全等理由，發出證書指示相關訴訟毋須在有陪審團的情況下進行審理。凡律政司長發出上述證書，高等法院原訟法庭應當在沒有陪審團的情況下進行審理，並由三名法官組成審判庭。

凡律政司長發出前款規定的證書，適用於相關訴訟的香港特別行政區任何法律條文關於「陪審團」或者「陪審團的裁決」，均應當理解為指法官或者法官作為事實裁斷者的職能。

19. B
解釋：根據《港區國安法》第 8 條，香港特別行政區執法、司法機關應當切實執行本法和香港特別行政區現行法律有關防範、制止和懲治危害國家安全行為和活動的規定，有效維護國家安全。

20. C
解釋：根據《港區國安法》第 5 條，防範、制止和懲治危害國家安全犯罪，應當堅持法治原則。法律規定為犯罪行為的，依照法律定罪處刑；法律沒有規定為犯罪行為的，不得定罪處刑。

任何人未經司法機關判罪之前均假定無罪。保障犯罪嫌疑人、被告人和其他訴訟參與人依法享有的辯護權和其他訴訟權利。任何人已經司法程序被最終確定有罪或者宣告無罪的，不得就同一行為再予審判或者懲罰。

測試八

全卷共 20 題，考生須於 30 分鐘內完成。

1. **下列哪項是有關《基本法》的正確描述？**

A. 香港特別行政區基本法是按《中英聯合聲明》制定的

B. 香港特別行政區基本法是按普通法制定

C. 香港特別行政區基本法是按《中華人民共和國憲法》、依據香港的具體情況而制定，故是合乎憲法。

2. **《基本法》與香港法律有著何種關係？**

A. 《基本法》與香港法律沒有關係

B. 《基本法》屬香港法律的補充條文，地位低於香港法律。

C. 《基本法》的地位是高於特區法，特區法不得與《基本法》抵觸。

3. **以下哪一項是《基本法》所列明規定？**

A. 香港特區政府的防務和與特區有關的外交事務，均須交由中央人民政府負責管理。

B. 特區首長及所有首長級官員，都必須由中央任免和批准。

C. 當選立法會議員的名單，都必須由中央任免和批准。

4. 按照《基本法》所列明，香港特別行政區政府是否需要負責國家的外交事務？

A. 需要

B. 不需要

C. 按照情況而定

5. 根據《基本法》規定，只有哪些人才擁有選舉權和被選舉權？

A. 香港永久性居民

B. 年滿21歲的中、外籍人士

C. 居港滿七年，及年滿14周歲。

6. 香港回歸後，言論自由有什麼規定？

A. 言論自由得到保障

B. 言論自由受到監控

C. 言論自由被取締

7. 選舉委員會乃根據選舉管理委員會條例而成立的獨立、公正和非政治性組織，委員會的主要職責包括：

(1)檢討立法會和區議會的選區分界，並提出建議。

(2)就公共選舉的舉行，及選民登記工作制訂規例、指引及有關安排。

(3)推舉候選人

(4)為候選人提供法律支援

A. (1)、(2)

B. (1)、(2)和(3)

C. 以上皆是

8. 專責在2017年選出特區行政長官的選舉委員會，其成員身份有沒有受規限？

A. 有。成員必須為香港永久性居民。

B. 有。成員必須為年滿40歲的人士。

C. 沒有限制。

9. 專責在2017年選出特區行政長官的選舉委員會，合共有多少個界別分組？

A. 三十八

B. 三十九

C. 四十

10. 特區主要官員指各司司長、副司長、各局局長、廉政專員、審計署署長和警務處處長外，還包括_____。

A. 房屋署署長、庫務署署長

B. 入境處處長、海關關長

C. 民政事務總署署長、社會福利署署長

11. 香港特區的主要官員必須具備下列哪一項條件？

A. 在港通常居住連續滿七年，並在外國無居留權的香港特別行政區永久性居民中的中國公民。

B. 在港通常居住連續滿十年，並在外國無居留權的香港特別行政區永久性居民中的中國公民。

C. 在港通常居住連續滿十五年，並在外國無居留權的香港特別行政區永久性居民中的中國公民。

12. 出任特區政府司長、局長、廉政專員、審計署長、警務處長、入境事務處長、海關關長的資格，當中最主要條件為：

A. 由在外國無居留權的香港永久性居民擔任

B. 必須持有大學學位或以上學歷

C. 由中央人民政府推薦的人士擔任

13. 香港特別行政區的外匯基金要不要上繳中央政府？

A. 需要

B. 不需要

C. 視乎情況而定

14. 中央政府會將香港特區外匯儲備撥給中國其他省、市和自治區嗎？

A. 會

B. 不會

C. 視乎情況而定

15. 香港回歸後對宗教團體辦教育，作出何種規定？

A. 只限開辦中等教育

B. 可以開辦教學

C. 只容許開辦神學院

16. 由香港特別行政區維護國家安全公署行使管轄權的案件，應符合《港區國安法》第 55 條規定的條件，然後：

A. 經由港府或駐港國安公署報請中央批准

B. 經由香港特別行政區維護國家安全委員會報中央批准

C. 經由特首聯同香港終審法院報中央批准

17. 警務處維護國家安全部門負責人乃由 _____ 任命。警務處維護國家安全部門負責人於就職時，應當宣誓擁護中華人民共和國香港特別行政區基本法，效忠中華人民共和國香港特別行政區，遵守法律、保守秘密。

A. 中央人民政府

B. 國務院

C. 行政長官

18. 香港特別行政區行政長官，應當就香港特別行政區維護國家安全事務向誰負責？

A. 中央人民政府

B. 香港特別行政區立法會

C. 中國人民政治協商會議全國委員會

19. 駐香港特別行政區維護國家安全公署應當加強與 _____ 的工作聯繫和工作協同。

(a) 中聯辦

(b) 中國人民解放軍駐香港部隊

(c) 外交部駐香港特別行政區特派員公署

A. (a)、(b)

B. (a)、(b)、(c)

C. (a)、(c)

20. 前香港特別行政區行政長官林鄭月娥女士公布，列於附表的《中華人民共和國香港特別行政區維護國家安全法》，自 2020 年 6 月 30 日 _____ 在香港特別行政區實施。

A. 上午 9 時

B. 晚上 7 時

C. 晚上 11 時

測試八答案：

1. C   2. C   3. A   4. B   5. A
6. A   7. A   8. A   9. A   10. B
11. C   12. A   13. B   14. B   15. B

16. A
解釋：根據《港區國安法》第 55 條，有以下情形之一的，經香港特別行政區政府或者駐香港特別行政區維護國家安全公署提出，並報中央人民政府批准，由駐香港特別行政區維護國家安全公署對本法規定的危害國家安全犯罪案件行使管轄權：
(一) 案件涉及外國或者境外勢力介入的複雜情況，香港特別行政區管轄確有困難的；
(二) 出現香港特別行政區政府無法有效執行本法的嚴重情況的；
(三) 出現國家安全面臨重大現實威脅的情況的。

17. C
解釋：根據《港區國安法》第 16 條，香港特別行政區政府警務處設立維護國家安全的部門，配備執法力量。
警務處維護國家安全部門負責人由行政長官任命，行政長官 任命前須書面徵求本法第 48 條規定的機構的意見。警務處維護國家安全部門負責人在就職時應當宣誓擁護中華人民共和國香港特別行政區基本法，效忠中華人民共和國香港特別行政區，遵守法律，保守秘密。
警務處維護國家安全部門可以從香港特別行政區以外聘請合格的專門人員和技術人員，協助執行維護國家安全相關任務。

18. A
解釋：根據《港區國安法》第 11 條，香港特別行政區行政長官應當就香港特別行政區維護國家安全事務向中央人民政府負責，並就香港特別行政區履行維護國家安全職責的情況提交年度報告。
如中央人民政府提出要求，行政長官應當就維護國家安全特定事項及時提交報告。

19. B

解釋：根據《港區國安法》第 52 條，駐香港特別行政區維護國家安全公署應當加強與中央人民政府駐香港特別行政區聯絡辦公室、外交部駐香港特別行政區特派員公署、中國人民解放軍駐香港部隊的工作聯繫和工作協同。

20. C

解釋：根據《港區國安法》引言，鑑於《中華人民共和國香港特別行政區基本法》第18 條規定，列於該法附件三的全國性法律，由香港特別行政區在當地公布或立法實施，並規定全國人民代表大會常務委員會在徵詢其所屬的香港特別行政區基本法委員會和香港特別行政區政府的意見後，可對列於該法附件三的法律作出增減。

又鑑於在 2020 年 6 月 30 日第十三屆全國人民代表大會常務委員會第二十次會議上，全國人民代表大會常務委員會在徵詢香港特別行政區基本法委員會和香港特別行政區政府的意見後，決定將《中華人民共和國香港特別行政區維護國家安全法》加入列於《中華人民共和國香港特別行政區基本法》附件三的全國性法律。

因此本人，香港特別行政區行政長官林鄭月娥，現公布：列於附表的《中華人民共和國香港特別行政區維護國家安全法》自 2020 年 6 月 30 日晚上 11 時起在香港特別行政區實施。

測試九

全卷共 20 題，考生須於 30 分鐘內完成。

1. **下列哪項有關《基本法》的描述是正確的？**

A. 《基本法》寫有港人治港、高度自治的原則

B. 《基本法》是中英移交主權的法律文件

C. 《基本法》是香港政權移交的歷史文獻

2. **《基本法》的作用為：**

A. 延續港英的法治制度

B. 資本主義過渡社會主義

C. 確保「一國兩制」的嚴格執行

3. **香港特別行政區的外交事務乃指：**

A. 用國家的名義參加運動會

B. 用國家的名義干預別國內政

C. 用國家的名義進行外訪、交涉和談判

4. **香港特別行政區在有需要時,可以向中央人民政府請求駐軍履行何種工作?**

A. 幫助救助災害和維持社會治安

B. 防止外國軍隊入侵

C. 參與社區地區工作

5. **《基本法》對新聞自由的規定是:**

A. 港人擁有出版和新聞自由

B. 港人的出版和新聞自由被取締

C. 港人擁有閱讀新聞的自由

6. **《基本法》對示威和遊行的規定是:**

A. 港人可以二十四小時阻街抗議

B. 港人擁有示威和遊行的自由

C. 示威和遊行*毋*須申請

7. 中華人民共和國籍與非中華人民共和國籍的香港居民，在政治權利上有何分別？

A. 當觸犯刑法時，持有中國籍的人士可避過刑罰。

B. 分別在於能不能參與管理國家事務

C. 沒有分別

8. 以下哪些職級的官員，必須由在外國無居留權的香港特區永久性居民中的中國公民擔任？

(1)各司司長

(2)立法會議員

(3)高等法院法官

(4)廉政專員

A. (2)、(3)和(4)

B. (1)、(4)

C. (1)、(2)和(3)

9. 為什麼特區主要官員必須由在外國無居留權的香港永久性居民中的中華人民共和國公民擔任？

A. 因為自己人做事較可靠

B. 不相信外籍人士的能力

C. 體現主權，合乎「港人治港」的原則。

10. 《基本法》中對中央政府與香港特區相關部門隸屬關係的規定為：

A. 相互各不隸屬的關係

B. 遠親和近鄰的關係

C. 上下級的從屬關係

11. 根據《基本法》，擬定並提出法案、議案、附屬法規應由哪個部門完成？

A. 香港特別行政區政府

B. 香港法律改革委員會

C. 立法會秘書處

12. 根據《基本法》，特區政府的律政司之主要工作為：

A. 草擬法律

B. 接受市民申請法援

C. 刑事檢察

13. 中華人民共和國銀行會不會干預本港金管局的運作？

A. 有權干預

B. 不會干預

C. 當金管局管理不善時，中華人民共和國銀行才作考慮。

14. 人民幣會不會取代港元的地位？

A. 會

B. 不會

C. 一旦港元的浮動過大的時候，人民幣才會取代港元地位。

15. 《基本法》對香港的宗教組織、宗教界人士和內地宗教團體之相互往來,作出何種處理?

A. 可相互往來,並作學術交流。

B. 可作禮節性拜訪,但不可互傳經義。

C. 可以互傳經義,並互封聖號或佛號。

16. 香港特別行政區 _____ 應當依據本法和其他有關法律規定有效防範、制止和懲治危害國家安全的行為和活動。

(a) 行政機關

(b) 立法機關

(c) 司法機關

(d) 國安機關

A. (a)、(b)

B. (a)、(b)、(c)

C. (a)、(b)、(c)、(d)

17. 根據基本法第 23 條，為堅定不移並全面準確貫徹「一國兩制」、「港人治港」、高度自治的方針，維護國家安全，防範、制止和懲治與香港特別行政區有關的 _____ 和勾結外國或者境外勢力危害國家安全等犯罪，保持香港特別行政區的繁榮和穩定。

A. 分裂國家、顛覆國家政權、組織實施恐怖活動

B. 分裂國家政權、顛覆恐怖活動、組織新政權

C. 分裂國家政權、顛覆國家政權

18. 以下哪一項是「香港國安法」的全稱？

A. 中華人民共和國香港特別行政區維護國家安全法

B. 中華人民共和國香港特別行政區國家安全法

C. 中華人民共和國香港特別行政區國安法

19. 駐香港特別行政區維護國家安全公署及其人員依據本法執行職務的行為，_____ 管轄。

A. 不受香港特別行政區

B. 受香港特別行政區

C. 不受廣東省政府

20. 香港特別行政區應當儘早完成香港特別行政區基本法規定的 _____，完善相關法律。

A. 維護國家安全部隊

B. 維護國家安全機構

C. 維護國家安全立法

測試九答案：

1. A 2. C 3. C 4. A 5. A
6. B 7. B 8. B 9. C 10. A
11. A 12. C 13. B 14. B 15. A

16. B
解釋：根據《港區國安法》第 3 條，中央人民政府對香港特別行政區有關的國家安全事務負有根本責任。
香港特別行政區負有維護國家安全的憲制責任，應當履行維護國家安全的職責。
香港特別行政區行政機關、立法機關、司法機關應當依據本法和其他有關法律規定有效防範、制止和懲治危害國家安全的行為和活動。

17. A
解釋：根據《港區國安法》第 1 條，為堅定不移並全面準確貫徹「一國兩制」、「港人治港」、高度自治的方針，維護國家安全，防範、制止和懲治與香港特別行政區有關的分裂國家、顛覆國家政權、組織實施恐怖活動和勾結外國或者境外勢力危害國家安全等犯罪，保持香港特別行政區的繁榮和穩定，保障香港特別行政區居民的合法權益，根據中華人民共和國憲法、中華人民共和國香港特別行政區基本法和全國人民代表大會關於建立健全香港特別行政區維護國家安全的法律制度和執行機制的決定，制定本法。

18. A
解釋：根據《港區國安法》引言，鑑於《中華人民共和國香港特別行政區基本法》第 18 條規定，列於該法附件三的全國性法律，由香港特別行政區在當地公布或立法實施，並規定全國人民代表大會常務委員會在徵詢其所屬的香港特別行政區基本法委員會和香港特別行政區政府的意見後，可對列於該法附件三的法律作出增減。
又鑑於在 2020 年 6 月 30 日第十三屆全國人民代表大會常務委員會第二十次會議上，全國人民代表大會常務委員會在徵詢香港特別行政區基本法委員會和香港特別行政區政府的意見後，決定將《中華人民共和國香港特別行政區維護國家安全法》加入列於《中華人民共和國香港特別行政區基本法》附件三的全國性法律。
因此本人，香港特別行政區行政長官林鄭月娥，現公布：列於附表的《中華人民共和國香港特別行政區維護國家安全法》自 2020 年 6 月 30 日晚上 11 時起在香港特別行政區實施。

19. A

解釋：根據《港區國安法》第 60 條，駐香港特別行政區維護國家安全公署及其人員依據本法執行職務的行為，不受香港特別行政區管轄。

持有駐香港特別行政區維護國家安全公署制發的證件或者證明文件的人員和車輛等在執行職務時不受香港特別行政區執法人員檢查、搜查和扣押。

駐香港特別行政區維護國家安全公署及其人員享有香港特別行政區法律規定的其他權利和豁免。

20. C

解釋：根據《港區國安法》第 7 條，香港特別行政區應當儘早完成香港特別行政區基本法規定的維護國家安全立法，完善相關法律。

測試十

全卷共 20 題，考生須於 30 分鐘內完成。

1. 《基本法》共有多少條？

A. 140

B. 160

C. 180

2. 《基本法》內有多少個附件？

A. 1個

B. 3個

C. 5個

3. 解放軍駐港部隊的主要職責是：

A. 調查案件

B. 維持治安

C. 負責香港特別行政區的防務工作

4. 誰任命香港特區首長和行政機關的主要官員？

A. 中國國家領導人

B. 中央人民政府

C. 立法會

5. 《基本法》對結社自由的規定是：

A. 港人擁有結社的自由

B. 結社不需要登記註冊

C. 港人可以參加非法社團

6. 《基本法》對港人罷工的規定是：

A. 港人可以罷工，並四出破壞。

B. 港人可以威脅工友參加罷工

C. 港人擁有罷工的權利

7. 根據《基本法》，律政司的刑事檢察工作包括：

A. 還押罪成的犯人

B. 行使截停及搜查的權力

C. 向疑犯提刑事訴訟

8. 根據《基本法》，下列哪項是香港特區政府的責任？

(1)執行立法會通過並已生效的法律

(2)定期向立法會作施政報告

(3)答覆立法會議員的質詢

(4)按民生需要調動立法會的議程

A. (1)和(2)

B. (3)和(4)

C. (1)、(2)和(3)

9. 根據《基本法》，香港碼由行政機關設立諮詢組織的制度會繼續保留，請問以下哪個是諮詢組識的制度？

A. 電影顧問小組

B. 立法會議員提出私人議案

C. 公眾諮詢

10. 根據《基本法》，香港的諮詢組織的制度包括：

A. 選舉委員會

B. 審裁小組（管制淫褻及不雅物品）

C. 市政局、行政會議

11. 立法會全體議員的非中華人民共和國國籍和有外國居留權的議員百分率應該是多少？

A. 百分之二十

B. 百分之三十

C. 百分之五十

12. 有人表示：「非中國籍的香港永久性居民，以及在外國有居留權的香港永久性居民，都不可以成為香港立法會議員。」請問這種説法是否對嗎？

A. 對

B. 不對

C. 可按情況斟情處理

13. 香港資金進出有沒有受到限制？

A. 有限制

B. 未有受到限制

C. 中央政府正在草擬有關草案

14. 本港原有或未來擁有私人財產者，主要受到哪些法規保護？

A. 《基本法》第一百零五條

B. 香港房地產法

C. 香港私有財產法

15. 《基本法》對於宗教組織在香港特別行政區所舉辦的學校，作出何種規定？

A. 可繼續提供原有的宗教教育，但不可以開設新宗教課程。

B. 可提供宗教教育課程

C. 要逐步停止宗教課程

16. 以下哪一選項最準確描述制定《中華人民共和國香港特別行政區維護國家安全法》的法律依據？

(a) 中華人民共和國憲法

(b) 中華人民共和國刑法

(c) 中華人民共和國國家安全法

(d) 中華人民共和國香港特別行政區基本法

(e) 全國人民代表大會關於建立健全香港特別行政區維護國家安全的法律制度和執行機制的決定

A. (a)、(b)、(d)

B. (a)、(d)

C. (a)、(d)、(e)

17. 以下哪項是中華人民共和國香港特別行政區維護國家安全法，在香港特別行政區實施的正確日期？

A. 2020 年 5 月 1 日

B. 2020 年 6 月 30 日

C. 2020 年 7 月 1 日

18. 經行政長官批准，香港特別行政區政府財政司長應當從政府一般收入中撥出專門款項支付關於維護國家安全的開支並核准所涉及的人員編製，不受什麼限制？

A. 立法會議員

B. 香港特別行政區政府

C. 香港特別行政區現行有關法律規定

19. 關於香港特別行政區法律地位的香港特別行政區基本法第 1 條和第 12 條規定是香港特別行政區基本法的 _____ 條款。

A. 基本性

B. 根本性

C. 重要性

20. 為脅迫 _____ 或威嚇公眾以圖實現政治主張,組織、策劃、實施、參與實施或者威脅實施以下造成,或意圖造成嚴重社會危害的恐怖活動之一的,即屬犯罪。

A. 中央人民政府、香港特別行政區政府

B. 中央人民政府、香港特別行政區政府或者國際組織

C. 中央人民政府

測試十答案：

1. B　2. B　3. C　4. B　5. A
6. C　7. A　8. C　9. B　10. A
11. A　12. B　13. B　14. A　15. B

16. C
解釋：根據《全國人民代表大會關於建立健全香港特別行政區維護國家安全的法律制度和執行機制的決定》的內容。

17. B
解釋：根據《港區國安法》引言，鑑於《中華人民共和國香港特別行政區基本法》第18條規定，列於該法附件三的全國性法律，由香港特別行政區在當地公布或立法實施，並規定全國人民代表大會常務委員會在徵詢其所屬的香港特別行政區基本法委員會和香港特別行政區政府的意見後，可對列於該法附件三的法律作出增減。
又鑑於在2020年6月30日第十三屆全國人民代表大會常務委員會第二十次會議上，全國人民代表大會常務委員會在徵詢香港特別行政區基本法委員會和香港特別行政區政府的意見後，決定將《中華人民共和國香港特別行政區維護國家安全法》加入列於《中華人民共和國香港特別行政區基本法》附件三的全國性法律。
因此本人，香港特別行政區行政長官林鄭月娥，現公布：列於附表的《中華人民共和國香港特別行政區維護國家安全法》自2020年6月30日晚上11時起在香港特別行政區實施。

18. C
解釋：根據《港區國安法》第19條，經行政長官批准，香港特別行政區政府財政司長應當從政府一般收入中撥出專門款項支付關於維護國家安全的開支並核准所涉及的人員編制，不受香港特別行政區現行有關法律規定的限制。財政司長須每年就該款項的控制和管理向立法會提交報告。

19. B
解釋：根據《港區國安法》第 2 條，關於香港特別行政區法律地位的香港特別行政區基本法第 1 條和第 12 條規定是香港特別行政區基本法的根本性條款。香港特別行政區任何機構、組織和個人行使權利和自由，不得違背香港特別行政區基本法第 1 條和第 12 條的規定。

20. B
解釋：根據《港區國安法》第 24 條，為脅迫中央人民政府、香港特別行政區政府或者國際組織或者威嚇公眾以圖實現政治主張，組織、策劃、實施、參與實施或者威脅實施以下造成或者意圖造成嚴重社會危害的恐怖活動之一的，即屬犯罪：
(一) 針對人的嚴重暴力；
(二) 爆炸、縱火或者投放毒害性、放射性、傳染病病原體等物質；
(三) 破壞交通工具、交通設施、電力設備、燃氣設備或者其他易燃易爆設備；
(四) 嚴重干擾、破壞水、電、燃氣、交通、通訊、網絡等公共服務和管理的電子控制系統；
(五) 以其他危險方法嚴重危害公眾健康或者安全。
犯前款罪，致人重傷、死亡或者使公私財產遭受重大損失的，處無期徒刑或者十年以上有期徒刑；其他情形，處三年以上十年以下有期徒刑。

測試十一

全卷共 20 題，考生須於 30 分鐘內完成。

1. **根據中國《憲法》第三十一條列明，國家於必要時得設立什麼？**

A. 特別行政區

B. 軍隊

C. 核彈基地

2. **國家按照何種規定，成立香港特別行政區，並根據「一國兩制」之方針，於香港實行資本主義政策和制度？**

A. 中華人民共和國憲法第三十一條

B. 中華人民共和國憲法第三十二條

C. 中華人民共和國憲法第三十三條

3. **中央人民政府如何確立行政長官？**

A. 委任

B. 提名

C. 任命

4. 中央人民政府是按照《基本法》第幾章的規定，去任命香港特首？

A. 第一章

B. 第四章

C. 第七章

5. 《基本法》對香港居民組織工會的規定是：

A. 組織工會只限聯誼性質

B. 港人擁有組織工會的權利

C. 《基本法》沒有列明

6. 《基本法》中規定，香港居民可以享有下列哪種自由？

A. 人身自由不會受到侵犯

B. 可以用區徽作商標的自由

C. 破壞公物及政府機構的自由

7. 根據《基本法》列明，以下哪一項屬於成為立法會議員的
   必備條件？

A. 必須是香港特區的永久性居民

B. 沒有外國居留權

C. 屬於中國公民

8. 香港立法會議員的產生方法為：

A. 面試

B. 選舉

C. 委任

9. 香港特區立法會的任期為多少年？（撇除首屆立法會不
   計）

A. 兩年

B. 四年

C. 五年

10. 假如行政長官認為立法會通過的法案並不合乎香港特區的整體利益，其可在多少個月內將法案發回立法會重議？

A. 一個月

B. 三個月

C. 半年

11. 香港特區立法會一旦經行政長官解散，特區政府必須於_____內自行選舉產生？

A. 一個月

B. 三個月

C. 半年

12. 假如立法會議員在香港特區或境外被裁定干犯刑事罪行，在何種情況下將由立法會主席宣告涉事者喪失議員資格？

A. 被判處監禁一個月以上，並經行政長官批准即可解除涉事議員的職務。

B. 被判處監禁一個月以上，並由立法會出席會議的議員三分之二通過解除其職務。

C. 被判處監禁三個月以上，即可解除涉事議員的職務。

13. 以下哪項並非《基本法》中對港幣發行的權力規定？

A. 港幣的發行權乃屬於香港特別行政區政府所有

B. 香港的銀行獲特區政府授權，可以在港發行港幣。

C. 人民幣乃香港特別行政區的法定貨幣，並與港幣一同在市面流通。

14. 香港特別行政區應當如何處理特區的財政收入？

A. 必須把庫房收入中百分之十，上繳中央人民政府。

B. 必須把庫房收入中百分之十五，上繳中央人民政府。

C. 全部用於自身需要，不用上繳中央人民政府。

15. 根據《基本法》，香港特別行政區目前對宗教組織接受各界人士或機構資助，作出何種規定？

A. 可自由上街進行募捐

B. 可以接受資助

C. 《基本法》沒有列明

16. 以下哪一項不是香港特別行政區維護國家安全委員會根據《中華人民共和國香港特別行政區維護國家安全法》第 14 條承擔的職責？

A. 就危害國家安全案件提出檢控

B. 推進香港特別行政區維護國家安全的法律制度和執行機制建設

C. 分析研判香港特別行政區維護國家安全形勢

17. 為外國或者境外機構、組織、人員 _____ 涉及國家安全的國家秘密或者情報的，均屬犯罪。

(a) 竊取

(b) 攻擊

(c) 非法刪除

(d) 刺探

(e) 公開

(f) 收買

(g) 非法提供

A. (a)、(b)、(c)

B. (a)、(c)、(d)

C. (a)、(d)、(f)、(g)

18. 有哪一項以下情形的，對有關犯罪行為人可以從輕、減輕處罰；犯罪較輕的，可以免除處罰：

(a) 參與犯罪並不是領導角色

(b) 自動投案，如實供述自己的罪行的

(c) 揭發他人犯罪行為，查證屬實，或者提供重要線索得以偵破其他案件的

A. (a)、(b)

B. (a)、(b)、(c)

C. (b)、(c)

19. 根據《港區國安法》第 3 條，誰對香港特別行政區有關的國家安全事務負有根本責任？

A. 行政長官

B. 國務院

C. 中央人民政府

20. 香港特別行政區設立 ＿＿＿＿＿ ，負責香港特別行政區維護國家安全事務，承擔維護國家安全的主要責任，並接受中央人民政府的監督和問責。

A. 國家安全處

B. 國安部門

C. 維護國家安全委員會

測試十一答案：

1. A　2. A　3. C　4. B　5. B
6. A　7. A　8. B　9. B　10. B
11. B　12. B　13. C　14. C　15. B

16. A
解釋：根據《港區國安法》第 14 條，香港特別行政區維護國家安全委員會的職責為：
(一) 分析研判香港特別行政區維護國家安全形勢，規劃有關工作，制定香港特別行政區維護國家安全政策；
(二) 推進香港特別行政區維護國家安全的法律制度和執行機制建設；
(三) 協調香港特別行政區維護國家安全的重點工作和重大行動。
香港特別行政區維護國家安全委員會的工作不受香港特別行政區任何其他機構、組織和個人的干涉，工作信息不予公開。香港特別行政區維護國家安全委員會作出的決定不受司法覆核。

17. C
解釋：根據《港區國安法》第 29 條，為外國或者境外機構、組織、人員竊取、刺探、收買、非法提供涉及國家安全的國家秘密或者情報的；請求外國或者境外機構、組織、人員實施，與外國或者境外機構、組織、人員串謀實施，或者直接或者間接接受外國或者境外機構、組織、人員的指使、控制、資助或者其他形式的支援實施以下行為之一的，均屬犯罪：
(一) 對中華人民共和國發動戰爭，或者以武力或者武力相威脅，對中華人民共和國主權、統一和領土完整造成嚴重危害；
(二) 對香港特別行政區政府或者中央人民政府制定和執行法律、政策進行嚴重阻撓並可能造成嚴重後果；
(三) 對香港特別行政區選舉進行操控、破壞並可能造成嚴重後果；
(四) 對香港特別行政區或者中華人民共和國進行制裁、封鎖或者採取其他敵對行動；
(五) 通過各種非法方式引發香港特別行政區居民對中央人民政府或者香港特別行政區政府的憎恨並可能造成嚴重後果。
犯前款罪，處三年以上十年以下有期徒刑；罪行重大的，處無期徒刑或者十年以上有期徒刑。
本條第一款規定涉及的境外機構、組織、人員，按共同犯罪定罪處刑。

18. C
解釋：根據《港區國安法》第 33 條，有以下情形的，對有關犯罪行為人、犯罪嫌疑人、被告人可以從輕、減輕處罰；犯罪較輕的，可以免除處罰：
(一) 在犯罪過程中，自動放棄犯罪或者自動有效地防止犯罪結果發生的；
(二) 自動投案，如實供述自己的罪行的；
(三) 揭發他人犯罪行為，查證屬實，或者提供重要線索得以偵破其他案件的。
被採取強制措施的犯罪嫌疑人、被告人如實供述執法、司法機關未掌握的本人犯有本法規定的其他罪行的，按前款第二項規定處理。

19. C
解釋：根據《港區國安法》第 3 條，中央人民政府對香港特別行政區有關的國家安全事務負有根本責任。
香港特別行政區負有維護國家安全的憲制責任，應當履行維護國家安全的職責。
香港特別行政區行政機關、立法機關、司法機關應當依據本法和其他有關法律規定有效防範、制止和懲治危害國家安全的行為和活動。

20. C
解釋：《港區國安法》第 12 條，香港特別行政區設立維護國家安全委員會，負責香港特別行政區維護國家安全事務，承擔維護國家安全的主要責任，並接受中央人民政府的監督和問責。

測試十二

全卷共 20 題，考生須於 30 分鐘內完成。

1. 「香港特別行政區是中華人民共和國不可分離的部分」是刊載於《基本法》內第幾條？

A. 第一條

B. 第十一條

C. 第二十一條

2. 以下哪項是《基本法》對香港司法權的規定之正確描述？

A. 香港特別行政區擁有獨立的司法權

B. 如要行使司法權，必須得到中央批准。

C. 由行政長官行使司法權

3. 由香港特別行政區的立法機關所制定的法律，是須報以下哪一個組織以作備案？

A. 國務院

B. 終審法院

C. 全國人民代表大會常務委員會

4. 假如在香港特別行政區行使全國法律，是需要符合以下哪些規定？

A. 國家整體利益

B. 除《基本法》所載的六項全國性法律外，如遇戰爭和動亂，中央可發布命令在本港實行全國性法律。

C. 國家安全

5. 《基本法》對香港居民的通訊自由的規定是：

A. 通訊自由屬中央政府所有

B. 通訊自由受到法律的保障

C. 《基本法》沒有列明

6. 《基本法》起草委員會首次全體會議於什麼時候舉行？

A. 1985年7月1日

B. 1985年10月1日

C. 1985年10月10日

7. 根據《基本法》，假如香港特區立法會議員作出行為不檢的行為，又或者違反誓言而經立法會出席會議議員三分二通過譴責後，可作出怎樣的處理？

A. 自動免除其立法會議員的身份

B. 由立法會主席宣告其喪失議員資格

C. 經由行政長官批准，有關人士即會喪失立法會議員的資格。

8. 香港特別行政區立法會主席是經由何種方法產生？

A. 立法會議員互選產生

B. 行政長官委任

C. 行政長官推薦

9. 香港特區立法會議員一旦有破產，又或者經法庭裁定償還債務而不履行的話，會由誰宣告其喪失議員資格？

A. 行政長官

B. 終審庭首席法官

C. 立法會主席

10. 以下哪項是立法會主席行使的職權？

A. 在休會期間可召開特別會議

B. 決定開會日期

C. 議員提出議案優先列入議程

11. 以下哪項不包括在立法會的職權之內？

A. 批准稅收和公共開支

B. 審核財政預算

C. 賦予面斥政府人員的權力

12. 以下哪項並非立法會的權力？

A. 批准施政報告

B. 批准稅收

C. 制定法律

13. 香港特別行政區的外匯基金，由哪個機構管理和支配，其主要作用又是什麼？

A. 由香港特別行政區政府管理和支配，主要作用為調節港元匯價。

B. 由香港特別行政區政府管理和支配，主要作用為確保聯繫匯率。

C. 由金融管理局管理和支配，主要作用為確保聯繫匯率。

14. 根據《基本法》第一百一十五條，香港特別行政區實行自由貿易政策，為的是要保障以下哪一項東西？

(1)資金的流動自由

(2)貨物的流動自由

(3)無形財產的流動自由

(4)資本的流動自由

A. (2)、(3)和(4)

B. (1)、(2)和(3)

C. (1)、(2)、(3)和(4)

15. 《基本法》對港人擁有的專業資格，作出何種規定？

A. 承認和保留原有資格

B. 舊的專業資格作廢

C. 港人必須重新考試

16. 中華人民共和國香港特別行政區維護國家安全法的解釋權屬誰？

A. 終審法院

B. 全國人民代表大會常務委員會

C. 中國人民政治協商會議全國委員會

17. 根據中華人民共和國憲法、中華人民共和國香港特別行政區基本法和 _____ 關於建立健全香港特別行政區維護國家安全的法律制度和執行機制的決定，制定本法。

A. 中央人民政府

B. 全國人民代表大會

C. 中國人民政治協商會議全國委員會

18. 在獲任指定審理危害國家安全犯罪案件的法官期間，如作出有危害國家安全的言行，會作出怎樣的處置？

A. 取消法官資格

B. 終止其指定法官資格

C. 暫停該法官審理工作 3 個月

19. 中國全國人大常委會以 162 票「全票」通過「港版國安法」草案，並於晚間發布相關內容。有關條例於什麼時間生效？

A. 2020 年 7 月 1 日

B. 2020 年 6 月 30 日

C. 2020 年 6 月 31 日

20. 香港特別行政區設立 _____ 負責香港特別行政區維護國家安全事務，承擔維護國家安全的主要責任，並接受中央人民政府的監督和問責。

A. 國家安全委員會

B. 維護國家安全委員會

C. 國家安全組織

測試十二答案:

1. A 2. A 3. C 4. B 5. B
6. A 7. B 8. A 9. C 10. A
11. C 12. A 13. A 14. A 15. A

16. B
解釋:根據《港區國安法》第 65 條,本法的解釋權屬於全國人民代表大會常務委員會。

17. B
解釋:根據《港區國安法》第 1 條,為堅定不移並全面準確貫徹「一國兩制」、「港人治港」、高度自治的方針,維護國家安全,防範、制止和懲治與香港特別行政區有關的分裂國家、顛覆國家政權、組織實施恐怖活動和勾結外國或者境外勢力危害國家安全等犯罪,保持香港特別行政區的繁榮和穩定,保障香港特別行政區居民的合法權益,根據中華人民共和國憲法、中華人民共和國香港特別行政區基本法和全國人民代表大會關於建立健全香港特別行政區維護國家安全的法律制度和執行機制的決定,制定本法。

18. B
解釋:根據《港區國安法》第 44 條,香港特別行政區行政長官應當從裁判官、區域法院法官、高等法院原訟法庭法官、上訴法庭法官以及終審法院法官中指定若干名法官,也可從暫委或者特委法官中指定若干名法官,負責處理危害國家安全犯罪案件。行政長官在指定法官前可徵詢香港特別行政區維護國家安全委員會和終審法院首席法官的意見。上述指定法官任期一年。
凡有危害國家安全言行的,不得被指定為審理危害國家安全犯罪案件的法官。在獲任指定法官期間,如有危害國家安全言行的,終止其指定法官資格。
在裁判法院、區域法院、高等法院和終審法院就危害國家安全犯罪案件提起的刑事檢控程序應當分別由各該法院的指定法官處理。

19. B

解釋：根據《港區國安法》引言，鑑於《中華人民共和國香港特別行政區基本法》第
18　條規定，列於該法附件三的全國性法律，由香港特別行政區在當地公布或立法實
施，並規定全國人民代表大會常務委員會在徵詢其所屬的香港特別行政區基本法委員
會和香港特別行政區政府的意見後，可對列於該法附件三的法律作出增減。

又鑑於在 2020 年 6 月 30 日第十三屆全國人民代表大會常務委員會第二十次會議上，
全國人民代表大會常務委員會在徵詢香港特別行政區基本法委員會和香港特別行政區
政府的意見後，決定將《中華人民共和國香港特別行政區維護國家安全法》加入列於
《中華人民共和國香港特別行政區基本法》附件三的全國性法律。

因此本人，香港特別行政區行政長官林鄭月娥，現公布：列於附表的《中華人民共和
國香港特別行政區維護國家安全法》自 2020 年 6 月 30 日晚上 11 時起在香港特別
行政區實施。

20. B

解釋：根據《港區國安法》第　12　條，香港特別行政區設立維護國家安全委員會，負
責香港特別行政區維護國家安全事務，承擔維護國家安全的主要責任，並接受中央人
民政府的監督和問責。

測試十三

全卷共 20 題，考生須於 30 分鐘內完成。

1. **《基本法》賦予香港特別行政區政府享有高度自治的權力，其具體表現在哪些方面？**

A. 具有行政管理、立法權、獨立的司法權和終審權

B. 港人生活方式永不改變

C. 港人續享言論自由

2. **下列哪一項不納入於香港特別行政區的自治權範圍內？**

A. 行政管理權

B. 立法權

C. 外交權

3. 如全國人大常委欲對《基本法》就香港實施的全國性法律進行增減，全國人大常委必須徵詢以下何種機構？

(1)國務院港澳辦

(2)基本法委員會

(3)香港特區政府

A. 只有(2)

B. (2)和(3)

C. (1)和(2)

4. 於香港特別行政區實施全國性法律的步驟為：

A. 香港特區在香港公布或立法實施

B. 由立法會制定相關法律，並交由人大公布。

C. 由人大公布，特區首長公布予以實施。

5. 《基本法》中對回歸後香港居民移民外國的規定是：

A. 港人擁有移民外國的自由

B. 港人擁有移民外國的自由受到限制

C. 須向保安局申請

6. 《基本法》對香港居民出入境的規定是：

A. 港人享有出入境的自由

B. 港人出入境只限持有特區護照

C. 出入境受到中央監控

7. 以下哪一項並不是立法會所能行使的職權範圍？

A. 接受香港居民的申訴，及進行處理。

B. 審批駐港部隊的經費開支

C. 批准稅收及公共部門的開支

8. 香港特別行政區的公共開支和政府徵稅，必須經由以下哪個部門的批准？

A. 全國人民代表大會

B. 立法會

C. 行政會議

9. 香港特區立法會議員提出法律草案，但凡涉及政府政策的時候，於提出前必須獲得誰的書面同意？

A. 立法會主席

B. 政務司司長

C. 特區行政長官

10. 在立法會的會議上，立法會議員在發言時，被賦予何種權利？

A. 法律上並不會被追究

B. 不會被彈劾

C. 《基本法》內沒有列明

11. 立法會議員在出席會議時和赴會中，可享有何種待遇？

A. 不受批評

B. 不受逮捕

C. 不被粗口問候

12. 對於有説法指出，立法會議員於立法會會議上發表言論，並不會受到法律追究。」説法是否正確？

A. 是

B. 不是

C. 視乎情況而定

13. 香港特別行政區可以依法徵用私人和法人財產，徵用財產的補償具體方案為：

A. 按照當時的價值折舊後的價值，以債券形式支付。

B. 按照當時的價值，折舊後的實際標準價值兑換。

C. 應相當於該財產的實際價值，可自由兑換。

14. 香港特區自行制定貨幣金融政策，按照法例進行管理及監督，保障了些什麼？

A. 保障金融企業在市場上不會受到政治的干涉

B. 保障金融企業和金融市場經營自由

C. 保障金融企業在國際營商市場的競爭地位

15. 香港特別行政區政府在申辦國際體育活動上，必須報請中央體育部並獲其批准嗎？

A. 必須辦理申請手續

B. 只要不用向國家申取經費便可

C. 只需要以「中華人民共和國香港」的名義申請，而不需要呈報。

16. 犯罪的行為或者結果有一項發生在香港特別行政區內的，就認為是在香港特別行政區內犯罪，也適用香港特別行政區維護國家安全法範圍包括：

A. 香港特別行政區水域及島嶼內

B. 香港特別行政區行政及立法會內

C. 香港特別行政區註冊的船舶或者航空器內

17. 駐香港特別行政區維護國家安全公署依據本法規定履行職責時，香港特別行政區政府有關部門須提供 ＿＿＿＿，對妨礙有關執行職務的行為依法予以制止並追究責任。

A. 技術支援

B. 必要的便利和配合

C. 金錢或財政支援

18. 任何人煽動、協助、 ＿＿＿＿ 實施國安法第二十條規定的犯罪的，即屬犯罪。情節嚴重的，處五年以上十年以下有期徒刑；情節較輕的，處五年以下有期徒刑、拘役或者管制。

A. 教唆、以金錢或者其他財物資助他人

B. 教唆他人

C. 以金錢或者其他財物資助他人

19. 香港特別行政區維護國家安全委員會下設秘書處，由秘書長領導。秘書長由 _____ 提名，報 _____ 任命。

A. 中央人民政府，行政長官

B. 國務院，行政長官

C. 行政長官，中央人民政府

20. 警務處維護國家安全部門可以從香港特別行政區以外聘請合格的專門人員和技術人員，協助執行維護國家安全相關任務。下列哪一項不是相關任務：

A. 制定國家安全的相關法律

B. 進行反干預調查和開展國家安全審查

C. 承辦香港特別行政區維護國家安全委員會交辦的維護國家安全工作

測試十三答案：

1. A 　2. C 　3. B 　4. C 　5. A
6. A 　7. B 　8. B 　9. C 　10. A
11. B 　12. A 　13. C 　14. B 　15. C

16. C
解釋：根據《港區國安法》第 36 條，任何人在香港特別行政區內實施本法規定的犯罪的，適用本法。犯罪的行為或者結果有一項發生在香港特別行政區內的，就認為是在香港特別行政區內犯罪。
在香港特別行政區註冊的船舶或者航空器內實施本法規定的犯罪的，也適用本法。

17. B
解釋：根據《港區國安法》第 61 條，駐香港特別行政區維護國家安全公署依據本法規定履行職責時，香港特別行政區政府有關部門須提供必要的便利和配合，對妨礙有關執行職務的行為依法予以制止並追究責任。

18. A
解釋：根據《港區國安法》第 21 條，任何人煽動、協助、教唆、以金錢或者其他財物資助他人實施本法第 20 條規定的犯罪的，即屬犯罪。情節嚴重的，處五年以上十年以下有期徒刑；情節較輕的，處五年以下有期徒刑、拘役或者管制。

19. C
解釋：根據《港區國安法》第 13 條，香港特別行政區維護國家安全委員會由行政長官擔任主席，成員包括政務司長、財政司長、律政司長、保安局局長、警務處處長、本法第 16 條規定的警務處維護國家安全部門的負責人、入境事務處處長、海關關長和行政長官辦公室主任。
香港特別行政區維護國家安全委員會下設秘書處，由秘書長領導。秘書長由行政長官提名，報中央人民政府任命。

20. A
解釋：根據《港區國安法》第 17 條，警務處維護國家安全部門的職責為：
(一) 收集分析涉及國家安全的情報信息；
(二) 部署、協調、推進維護國家安全的措施和行動；
(三) 調查危害國家安全犯罪案件；
(四) 進行反干預調查和開展國家安全審查；
(五) 承辦香港特別行政區維護國家安全委員會交辦的維護國家安全工作；
(六) 執行本法所需的其他職責。

《基本法》
條文內容

背景

在1984年12月19日，中英兩國政府簽署了《中華人民共和國政府和大不列顛及北愛爾蘭聯合王國政府關於香港問題的中英聯合聲明》（下稱《聯合聲明》），當中載明中華人民共和國對香港的基本方針政策。根據"一國兩制"的原則，香港特別行政區不會實行社會主義制度和政策，香港原有的資本主義制度和生活方式，保持五十年不變。根據《聯合聲明》，這些基本方針政策將會規定於香港特別行政區基本法內。

《中華人民共和國香港特別行政區基本法》（下稱《基本法》）在1990年4月4日經中華人民共和國第七屆全國人民代表大會（下稱全國人民代表大會）通過，並已於1997年7月1日生效。

有關文件

《基本法》是香港特別行政區的憲制性文件，它以法律的形式，訂明"一國兩制"、"高度自治"和"港人治港"等重要理念，亦訂明了在香港特別行政區實行的各項制度。

《基本法》包括以下章節：

(a) 《基本法》正文，包括九個章節，160 條條文；

(b) 附件一，訂明香港特別行政區行政長官的產生辦法；

(c) 附件二，訂明香港特別行政區立法會的產生辦法和表決程序；及

(d) 附件三，列明在香港特別行政區實施的全國性法律。

起草過程

負責起草《基本法》的委員會，成員包括了香港和內地人士。而在1985
年成立的基本法諮詢委員會，成員則全屬香港人士，他們負責在香港徵
求公眾對基本法草案的意見。

1988 年4 月，基本法起草委員會公布首份草案，基本法諮詢委員會隨即
進行為期五個月的諮詢公眾工作。第二份草案在1989 年2 月公布，諮詢
工作則在1989 年10 月結束。《基本法》連同香港特別行政區區旗和區
徽圖案，由全國人民代表大會於1990 年4 月4 日正式頒布。

香港特別行政區的藍圖

《基本法》為香港特別行政區勾劃了發展藍圖。下文載述中華人民共和
國對香港特別行政區的基本方針政策的主要條文。

總則
* 香港特別行政區實行高度自治，享有行政管理權、立法權、獨
  立的司法權和終審權。（參考《基本法》第2 條）
* 香港特別行政區的行政機關和立法機關由香港永久性居民組
  成。（參考《基本法》第3 條）
* 香港特別行政區不實行社會主義制度和政策，保持原有的資本
  主義制度和生活方式，五十年不變。（參考《基本法》第5 條）
* 香港原有法律，即普通法、衡平法、條例、附屬立法和習慣
  法，除同《基本法》相抵觸或經香港特別行政區的立法機關作
  出修改者外，予以保留。（參考《基本法》第8 條）

中央和香港特別行政區的關係

- 中央人民政府負責管理香港特別行政區的防務和外交事務。（參考《基本法》第13至14條）
- 中央人民政府授權香港特別行政區自行處理有關的對外事務。（參考《基本法》第13條）
- 香港特別行政區政府負責維持香港特別行政區的社會治安。（參考《基本法》第14條）
- 全國性法律除列於《基本法》附件三者外，不在香港特別行政區實施。任何列於附件三的法律，限於有關國防、外交和其他不屬於香港特別行政區自治範圍的法律。凡列於附件三的法律，由香港特別行政區在當地公佈或立法實施。（參考《基本法》第18條）
- 中央人民政府所屬各部門、各省、自治區、直轄市均不得干預香港特別行政區根據《基本法》自行管理的事務。（參考《基本法》第22條）

保障權利和自由

- 香港特別行政區依法保護私有財產權。（參考《基本法》第6條）
- 香港居民在法律面前一律平等。香港特別行政區永久性居民依法享有選舉權和被選舉權。（參考《基本法》第25至26條）
- 香港居民的人身自由不受侵犯。（參考《基本法》第28條）
- 香港居民享有言論、新聞、出版的自由，結社、集會、遊行、示威、通訊、遷徙、信仰、宗教和婚姻自由，以及組織和參加工會、罷工的權利和自由。（參考《基本法》第27至38條）
- 《公民權利和政治權利國際公約》、《經濟、社會與文化權利的國際公約》和國際勞工公約適用於香港的有關規定繼續有效，通過香港特別行政區的法律予以實施。（參考《基本法》第39條）

政治體制

行政機關

* 香港特別行政區行政長官由年滿四十周歲,在香港通常居住連續滿二十年並在外國無居留權的香港特別行政區永久性居民中的中國公民擔任。(參考《基本法》第44 條)

* 香港特別行政區行政長官在當地通過選舉或協商產生,由中央人民政府任命。行政長官的產生辦法根據香港特別行政區的實際情況和循序漸進的原則而規定,最終達至由一個有廣泛代表性的提名委員會按民主程序提名後普選產生的目標。(參考《基本法》第45 條)

* 香港特別行政區政府必須遵守法律,對香港特別行政區立法會負責:執行立法會通過並已生效的法律;定期向立法會作施政報告;答覆立法會議員的質詢;徵稅和公共開支須經立法會批准。(參考《基本法》第64 條)

立法機關

* 香港特別行政區立法會由選舉產生。立法會的產生辦法根據香港特別行政區的實際情況和循序漸進的原則而規定,最終達至全部議員由普選產生的目標。(參考《基本法》第68 條)

* 香港特別行政區立法會的職權主要包括:

* 制定、修改和廢除法律;

* 根據政府的提案,審核、通過財政預算;

* 批准稅收和公共開支;

* 對政府的工作提出質詢;

* 就任何有關公共利益問題進行辯論;

* 同意終審法院法官和高等法院首席法官的任免。(參考《基本法》第73 條)

司法機關

- 香港特別行政區的終審權屬於香港特別行政區終審法院。終審法院可根據需要邀請其他普通法適用地區的法官參加審判。（參考《基本法》第82條）

- 香港特別行政區法院獨立進行審判，不受任何干涉。（參考《基本法》第85條）

- 原在香港實行的陪審制度的原則予以保留。任何人在被合法拘捕後，享有盡早接受司法機關公正審判的權利，未經司法機關判罪之前均假定無罪。（參考《基本法》第86至87條）

- 香港特別行政區可與中華人民共和國其他地區的司法機關通過協商依法進行司法方面的聯繫和相互提供協助。在中央人民政府協助或授權下，香港特別行政區政府可與外國就司法互助關係作出適當安排。（參考《基本法》第95至96條）

經濟

- 香港特別行政區保持自由港、單獨的關稅地區和國際金融中心的地位，繼續開放外匯、黃金、證券、期貨等市場和維持資金流動自由。（參考《基本法》第109/112/114/116條）

- 港元為香港特別行政區法定貨幣，繼續流通。港幣的發行權屬於香港特別行政區政府。（參考《基本法》第111條）

- 香港特別行政區實行自由貿易政策，保障貨物、無形財產和資本的流動自由。（參考《基本法》第115條）

- 香港特別行政區經中央人民政府授權繼續進行船舶登記，並以＂中國香港＂的名義頒發有關證件。香港特別行政區的私營航運及與航運有關的企業，可繼續自由經營。（參考《基本法》第125/127條）

- 香港特別行政區繼續實行原在香港實行的民用航空管理制度，並設置自己的飛機登記冊。香港特別行政區在中央人民政府的

授權下，可與外國或地區談判簽訂民用航空運輸協定。（參考《基本法》第129 至134 條）

教育、科學、文化、體育、宗教、勞工和社會服務

- 香港特別行政區自行制定有關發展和改進教育、科學技術、文化、體育、社會福利和勞工的政策。（參考《基本法》第136 至147 條）

- 香港特別行政區的教育、科學、技術、文化、藝術、體育、專業、醫療衛生、勞工、社會福利、社會工作等方面的民間團體和宗教組織可同世界各國、各地區及國際的有關團體和組織保持和發展關係，各該團體和組織可根據需要冠用" 中國香港" 的名義，參與有關活動。（參考《基本法》第149 條）

對外事務

- 香港特別行政區可在經濟、貿易、金融、航運、通訊、旅遊、文化、體育等領域以"中國香港"的名義，單獨地同世界各國、各地區及有關國際組織保持和發展關係，簽訂和履行有關協議。（參考《基本法》第151 條）

- 對以國家為單位參加的、同香港特別行政區有關的、適當領域的國際組織和國際會議，香港特別行政區政府可派遣代表作為中華人民共和國代表團的成員或以中央人民政府和上述有關國際組織或國際會議允許的身份參加，並以" 中國香港" 的名義發表意見。香港特別行政區可以" 中國香港" 的名義參加不以國家為單位參加的國際組織和國際會議。（參考《基本法》第152 條）

- 中華人民共和國締結的國際協議，中央人民政府可根據香港特別行政區的情況和需要，在徵詢香港特別行政區政府的意見後，決定是否適用於香港特別行政區。中華人民共和國尚未參加但已適用於香港的國際協議仍可繼續適用。中央人民政府根據需要授權或協助香港特別行政區政府作出適當安排，使其他有關國際協議適用於香港特別行政區。（參考《基本法》第153條）

基本法的解釋和修改

- 基本法》的解釋權屬於全國人民代表大會常務委員會。全國人民代表大會常務委員會授權香港特別行政區法院在審理案件時對《基本法》關於香港特別行政區自治範圍內的條款自行解釋。香港特別行政區法院在審理案件時對《基本法》的其他條款也可解釋。但如香港特別行政區法院在審理案件時需要對《基本法》關於中央人民政府管理的事務或中央和香港特別行政區關係的條款進行解釋，而該條款的解釋又影響到案件的判決，在對該案件作出不可上訴的終局判決前，應由香港特別行政區終審法院請全國人民代表大會常務委員會對有關條款作出解釋。（參考《基本法》第158條）
- 基本法》的修改權屬於全國人民代表大會。《基本法》的任何修改，均不得同中華人民共和國對香港既定的基本方針政策相抵觸。（參考《基本法》第159條）

中華人民共和國主席令

第二十六號

《中華人民共和國香港特別行政區基本法》，包括附件一：《香港特別行政區行政長官的產生辦法》，附件二：《香港特別行政區立法會的產生辦法和表決程序》，附件三：《在香港特別行政區實施的全國性法律》，以及香港特別行政區區旗、區徽圖案，已由中華人民共和國第七屆全國人民代表大會第三次會議於 1990 年 4 月4 日通過，現予公佈，自1997 年 7 月 1 日起實施。

中華人民共和國主席　楊尚昆

1990年 4 月4 日

中華人民共和國香港特別行政區基本法 *

(1990年4月4日第七屆全國人民代表大會第三次會議通過，1990年4月4日中華人民共和國主席令第二十六號公布，自1997年7月1日起施行)

註：
* 請同時參閱 -
a. 《全國人民代表大會關於〈中華人民共和國香港特別行政區基本法〉的決定》(1990年 4 月 4 日第七屆全國人民代表大會第三次會議通過)(見文件九) 及
b. 《全國人民代表大會常務委員會關於〈中華人民共和國香港特別行政區基本法〉英文本的決定》(1990 年 6 月 28 日通過)(見文件十四)

第一章：總則

第一條

香港特別行政區是中華人民共和國不可分離的部分。

第二條

全國人民代表大會授權香港特別行政區依照本法的規定實行高度自治，享有行政管理權、立法權、獨立的司法權和終審權。

第三條

香港特別行政區的行政機關和立法機關由香港永久性居民依照本法有關規定組成。

第四條

香港特別行政區依法保障香港特別行政區居民和其他人的權利和自由。

第五條

香港特別行政區不實行社會主義制度和政策，保持原有的資本主義制度和生活方式，五十年不變。

第六條

香港特別行政區依法保護私有財產權。

第七條

香港特別行政區境內的土地和自然資源屬於國家所有，由香港特別行政區政府負責管理、使用、開發、出租或批給個人、法人或團體使用或開發，其收入全歸香港特別行政區政府支配。

第八條

香港原有法律，即普通法、衡平法、條例、附屬立法和習慣法，除同本

法相抵觸或經香港特別行政區的立法機關作出修改者外，予以保留。

第九條

香港特別行政區的行政機關、立法機關和司法機關，除使用中文外，還可使用英文，英文也是正式語文。

第十條

香港特別行政區除懸掛中華人民共和國國旗和國徽外，還可使用香港特別行政區區旗和區徽。

香港特別行政區的區旗是五星花蕊的紫荊花紅旗。

香港特別行政區的區徽，中間是五星花蕊的紫荊花，周圍寫有"中華人民共和國香港特別行政區"和英文"香港"。

第十一條

根據中華人民共和國憲法第三十一條，香港特別行政區的制度和政策，包括社會、經濟制度，有關保障居民的基本權利和自由的制度，行政管理、立法和司法方面的制度，以及有關政策，均以本法的規定為依據。

香港特別行政區立法機關制定的任何法律，均不得同本法相抵觸。

第二章：中央和香港特別行政區的關係

第十二條

香港特別行政區是中華人民共和國的一個享有高度自治權的地方行政區域，直轄於中央人民政府。

第十三條

中央人民政府負責管理與香港特別行政區有關的外交事務。

中華人民共和國外交部在香港設立機構處理外交事務。

中央人民政府授權香港特別行政區依照本法自行處理有關的對外事務。

第十四條

中央人民政府負責管理香港特別行政區的防務。

香港特別行政區政府負責維持香港特別行政區的社會治安。

中央人民政府派駐香港特別行政區負責防務的軍隊不干預香港特別行政區的地方事務。香港特別行政區政府在必要時，可向中央人民政府請求駐軍協助維持社會治安和救助災害。

駐軍人員除須遵守全國性的法律外，還須遵守香港特別行政區的法律。

駐軍費用由中央人民政府負擔。

第十五條

中央人民政府依照本法第四章的規定任命香港特別行政區行政長官和行政機關的主要官員。

第十六條

香港特別行政區享有行政管理權，依照本法的有關規定自行處理香港特別行政區的行政事務。

第十七條

香港特別行政區享有立法權。

香港特別行政區的立法機關制定的法律須報全國人民代表大會常務委員會備案。備案不影響該法律的生效。

全國人民代表大會常務委員會在徵詢其所屬的香港特別行政區基本法委員會後，如認為香港特別行政區立法機關制定的任何法律不符合本法關於中央管理的事務及中央和香港特別行政區的關係的條款，可將有關法律發回，但不作修改。經全國人民代表大會常務委員會發回的法律立即失效。該法律的失效，除香港特別行政區的法律另有規定外，無溯及力。

第十八條

在香港特別行政區實行的法律為本法以及本法第八條規定的香港原有法

律和香港特別行政區立法機關制定的法律。

全國性法律除列於本法附件三者外，不在香港特別行政區實施。凡列於本法附件三之法律，由香港特別行政區在當地公布或立法實施。

全國人民代表大會常務委員會在徵詢其所屬的香港特別行政區基本法委員會和香港特別行政區政府的意見後，可對列於本法附件三的法律作出增減，任何列入附件三的法律，限於有關國防、外交和其他按本法規定不屬於香港特別行政區自治範圍的法律。

全國人民代表大會常務委員會決定宣佈戰爭狀態或因香港特別行政區內發生香港特別行政區政府不能控制的危及國家統一或安全的動亂而決定香港特別行政區進入緊急狀態，中央人民政府可發佈命令將有關全國性法律在香港特別行政區實施。

第十九條

香港特別行政區享有獨立的司法權和終審權。

香港特別行政區法院除繼續保持香港原有法律制度和原則對法院審判權所作的限制外，對香港特別行政區所有的案件均有審判權。

香港特別行政區法院對國防、外交等國家行為無管轄權。香港特別行政區法院在審理案件中遇有涉及國防、外交等國家行為的事實問題，應取得行政長官就該等問題發出的證明文件，上述文件對法院有約束力。行政長官在發出證明文件前，須取得中央人民政府的證明書。

第二十條

香港特別行政區可享有全國人民代表大會和全國人民代表大會常務委員會及中央人民政府授予的其他權力。

第二十一條

香港特別行政區居民中的中國公民依法參與國家事務的管理。

根據全國人民代表大會確定的名額和代表產生辦法，由香港特別行政區居民中的中國公民在香港選出香港特別行政區的全國人民代表大會代表，參加最高國家權力機關的工作。

第二十二條

中央人民政府所屬各部門、各省、自治區、直轄市均不得干預香港特別行政區根據本法自行管理的事務。

中央各部門、各省、自治區、直轄市如需在香港特別行政區設立機構，須徵得香港特別行政區政府同意並經中央人民政府批准。

中央各部門、各省、自治區、直轄市在香港特別行政區設立的一切機構及其人員均須遵守香港特別行政區的法律。

*中國其他地區的人進入香港特別行政區須辦理批准手續，其中進入香港特別行政區定居的人數由中央人民政府主管部門徵求香港特別行政區政府的意見後確定。

香港特別行政區可在北京設立辦事機構。

第二十三條

香港特別行政區應自行立法禁止任何叛國、分裂國家、煽動叛亂、顛覆中央人民政府及竊取國家機密的行為，禁止外國的政治性組織或團體在香港特別行政區進行政治活動，禁止香港特別行政區的政治性組織或團體與外國的政治性組織或團體建立聯繫。

註 * 參閱《全國人民代表大會常務委員會關於〈中華人民共和國香港特別行政區基本法〉第二十二條第四款和第二十四條第二款第 (三) 項的解釋》(1999 年 6 月 26 日第九屆全國人民代表大會常務委員會第十次會議通過)(見文件十七)

第三章：居民的基本權利和義務

第二十四條

香港特別行政區居民，簡稱香港居民，包括永久性居民和非永久性居民。

香港特別行政區永久性居民為：

（一）　　在香港特別行政區成立以前或以後在香港出生的中國公民;

(二)　　在香港特別行政區成立以前或以後在香港通常居住連續七年以
　　　　　上的中國公民；

*(三)　　第(一)、(二) 兩項所列居民在香港以外所生的中國籍子女;

(四)　　在香港特別行政區成立以前或以後持有效旅行證件進入香港、
　　　　　在香港通常居住連續七年以上並以香港為永久居住地的非中國
　　　　　籍的人；

(五)　　在香港特別行政區成立以前或以後第(四) 項所列居民在香港所
　　　　　生的未滿二十一周歲的子女；

(六)　　第(一) 至(五) 項所列居民以外在香港特別行政區成立以前只在
　　　　　香港有居留權的人。

以上居民在香港特別行政區享有居留權和有資格依照香港特別行政區法
律取得載明其居留權的永久性居民身份證。

香港特別行政區非永久性居民為：有資格依照香港特別行政區法律取得
香港居民身份證，但沒有居留權的人。

第二十五條

香港居民在法律面前一律平等。

第二十六條

香港特別行政區永久性居民依法享有選舉權和被選舉權。

第二十七條

香港居民享有言論、新聞、出版的自由，結社、集會、遊行、示威的自
由，組織和參加工會、罷工的權利和自由。

第二十八條

香港居民的人身自由不受侵犯。

香港居民不受任意或非法逮捕、拘留、監禁。禁止任意或非法搜查居民
的身體、剝奪或限制居民的人身自由。禁止對居民施行酷刑、任意或非
法剝奪居民的生命。

第二十九條

香港居民的住宅和其他房屋不受侵犯。禁止任意或非法搜查、侵入居民的住宅和其他房屋。

第三十條

香港居民的通訊自由和通訊秘密受法律的保護。除因公共安全和追查刑事犯罪的需要，由有關機關依照法律程序對通訊進行檢查外，任何部門或個人不得以任何理由侵犯居民的通訊自由和通訊秘密。

第三十一條

香港居民有在香港特別行政區境內遷徙的自由，有移居其他國家和地區的自由。香港居民有旅行和出入境的自由。有效旅行證件的持有人，除非受到法律制止，可自由離開香港特別行政區，無需特別批准。

第三十二條

香港居民有信仰的自由。

香港居民有宗教信仰的自由，有公開傳教和舉行、參加宗教活動的自由。

第三十三條

香港居民有選擇職業的自由。

第三十四條

香港居民有進行學術研究、文學藝術創作和其他文化活動的自由。

第三十五條

香港居民有權得到秘密法律諮詢、向法院提起訴訟、選擇律師及時保護自己的合法權益或在法庭上為其代理和獲得司法補救。

香港居民有權對行政部門和行政人員的行為向法院提起訴訟。

第三十六條

香港居民有依法享受社會福利的權利。勞工的福利待遇和退休保障受法律保護。

第三十七條

香港居民的婚姻自由和自願生育的權利受法律保護。

第三十八條

香港居民享有香港特別行政區法律保障的其他權利和自由。

第三十九條

《公民權利和政治權利國際公約》、《經濟、社會與文化權利的國際公約》和國際勞工公約適用於香港的有關規定繼續有效,通過香港特別行政區的法律予以實施。

香港居民享有的權利和自由,除依法規定外不得限制,此種限制不得與本條第一款規定抵觸。

第四十條

"新界"原居民的合法傳統權益受香港特別行政區的保護。

第四十一條

在香港特別行政區境內的香港居民以外的其他人,依法享有本章規定的香港居民的權利和自由。

第四十二條

香港居民和在香港的其他人有遵守香港特別行政區實行的法律的義務。

註:* 參閱《全國人民代表大會常務委員會關於〈中華人民共和國香港特別行政區基本法〉第二十二條第四款和第二十四條第二款第 (三) 項的解釋》(1999 年 6 月 26 日第九屆全國人民代表大會常務委員會第十次會議通過)(見文件十七)

第四章：政治體制

第一節：行政長官

第四十三條

香港特別行政區行政長官是香港特別行政區的首長，代表香港特別行政區。

香港特別行政區行政長官依照本法的規定對中央人民政府和香港特別行政區負責。

第四十四條

香港特別行政區行政長官由年滿四十周歲，在香港通常居住連續滿二十年並在外國無居留權的香港特別行政區永久性居民中的中國公民擔任。

第四十五條

香港特別行政區行政長官在當地通過選舉或協商產生，由中央人民政府任命。

行政長官的產生辦法根據香港特別行政區的實際情況和循序漸進的原則而規定，最終達至由一個有廣泛代表性的提名委員會按民主程序提名後普選產生的目標。

行政長官產生的具體辦法由附件一《香港特別行政區行政長官的產生辦法》規定。

第四十六條

香港特別行政區行政長官任期五年，可連任一次。

第四十七條

香港特別行政區行政長官必須廉潔奉公、盡忠職守。

行政長官就任時應向香港特別行政區終審法院首席法官申報財產，記錄在案。

第四十八條

香港特別行政區行政長官行使下列職權：

（一） 領導香港特別行政區政府；

（二） 負責執行本法和依照本法適用於香港特別行政區的其他法律；

（三） 簽署立法會通過的法案，公布法律；

簽署立法會通過的財政預算案，將財政預算、決算報中央人民政府備案；

（四） 決定政府政策和發布行政命令；

（五） 提名並報請中央人民政府任命下列主要官員：各司司長、副司長，各局局長，廉政專員，審計署署長，警務處處長，入境事務處處長，海關關長；建議中央人民政府免除上述官員職務；

（六） 依照法定程序任免各級法院法官；

（七） 依照法定程序任免公職人員；

（八） 執行中央人民政府就本法規定的有關事務發出的指令；

（九） 代表香港特別行政區政府處理中央授權的對外事務和其他事務；

（十） 批准向立法會提出有關財政收入或支出的動議；

（十一） 根據安全和重大公共利益的考慮，決定政府官員或其他負責政府公務的人員是否向立法會或其屬下的委員會作證和提供證據；

（十二） 赦免或減輕刑事罪犯的刑罰；

（十三） 處理請願、申訴事項。

第四十九條

香港特別行政區行政長官如認為立法會通過的法案不符合香港特別行政區的整體利益，可在三個月內將法案發回立法會重議，立法會如以不少於全體議員三分之二多數再次通過原案，行政長官必須在一個月內簽署公佈或按本法第五十條的規定處理。

第五十條

香港特別行政區行政長官如拒絕簽署立法會再次通過的法案或立法會拒絕通過政府提出的財政預算案或其他重要法案，經協商仍不能取得一致意見，行政長官可解散立法會。

行政長官在解散立法會前，須徵詢行政會議的意見。行政長官在其一任任期內只能解散立法會一次。

第五十一條

香港特別行政區立法會如拒絕批准政府提出的財政預算案，行政長官可向立法會申請臨時撥款。如果由於立法會已被解散而不能批准撥款，行政長官可在選出新的立法會前的一段時期內，按上一財政年度的開支標準，批准臨時短期撥款。

第五十二條

香港特別行政區行政長官如有下列情況之一者必須辭職：

(一)　　因嚴重疾病或其他原因無力履行職務；

(二)　　因兩次拒絕簽署立法會通過的法案而解散立法會，重選的立法會仍以全體議員三分之二多數通過所爭議的原案，而行政長官仍拒絕簽署；

(三)　　因立法會拒絕通過財政預算案或其他重要法案而解散立法會，重選的立法會繼續拒絕通過所爭議的原案。

第五十三條

香港特別行政區行政長官短期不能履行職務時，由政務司長、財政司長、律政司長依次臨時代理其職務。

*行政長官缺位時，應在六個月內依本法第四十五條的規定產生新的行政長官。行政長官缺位期間的職務代理，依照上款規定辦理。

第五十四條

香港特別行政區行政會議是協助行政長官決策的機構。

第五十五條

香港特別行政區行政會議的成員由行政長官從行政機關的主要官員、立法會議員和社會人士中委任，其任免由行政長官決定。行政會議成員的任期應不超過委任他的行政長官的任期。

香港特別行政區行政會議成員由在外國無居留權的香港特別行政區永久性居民中的中國公民擔任。

行政長官認為必要時可邀請有關人士列席會議。

第五十六條

香港特別行政區行政會議由行政長官主持。

行政長官在作出重要決策、向立法會提交法案、制定附屬法規和解散立法會前，須徵詢行政會議的意見，但人事任免、紀律制裁和緊急情況下採取的措施除外。

行政長官如不採納行政會議多數成員的意見，應將具體理由記錄在案。

第五十七條

香港特別行政區設立廉政公署，獨立工作，對行政長官負責。

第五十八條

香港特別行政區設立審計署，獨立工作，對行政長官負責。

第二節：行政機關

第五十九條

香港特別行政區政府是香港特別行政區行政機關。

第六十條

香港特別行政區政府的首長是香港特別行政區行政長官。

香港特別行政區政府設政務司、財政司、律政司、和各局、處、署。

第六十一條

香港特別行政區的主要官員由在香港通常居住連續滿十五年並在外國無居留權的香港特別行政區永久性居民中的中國公民擔任。

第六十二條

香港特別行政區政府行使下列職權：

(一)　　制定並執行政策；

(二)　　管理各項行政事務；

(三)　　辦理本法規定的中央人民政府授權的對外事務；

(四)　　編制並提出財政預算、決算；

(五)　　擬定並提出法案、議案、附屬法規；

(六)　　委派官員列席立法會並代表政府發言。

第六十三條

香港特別行政區律政司主管刑事檢察工作，不受任何干涉。

第六十四條

香港特別行政區政府必須遵守法律，對香港特別行政區立法會負責：執行立法會通過並已生效的法律；定期向立法會作施政報告；答覆立法會議員的質詢；徵稅和公共開支須經立法會批准。

第六十五條

原由行政機關設立諮詢組織的制度繼續保留。

第三節：立法機關

第六十六條

香港特別行政區立法會是香港特別行政區的立法機關。

第六十七條

香港特別行政區立法會由在外國無居留權的香港特別行政區永久性居民中的中國公民組成。但非中國籍的香港特別行政區永久性居民和在外國有居留權的香港特別行政區永久性居民也可以當選為香港特別行政區立法會議員，其所佔比例不得超過立法會全體議員的百分之二十。

第六十八條

香港特別行政區立法會由選舉產生。

立法會的產生辦法根據香港特別行政區的實際情況和循序漸進的原則而規定，最終達至全部議員由普選產生的目標。

立法會產生的具體辦法和法案、議案的表決程序由附件二《香港特別行政區立法會的產生辦法和表決程序》規定。

第六十九條

香港特別行政區立法會除第一屆任期為兩年外，每屆任期四年。

第七十條

香港特別行政區立法會如經行政長官依本法規定解散，須於三個月內依本法第六十八條的規定，重行選舉產生。

第七十一條

香港特別行政區立法會主席由立法會議員互選產生。

香港特別行政區立法會主席由年滿四十周歲，在香港通常居住連續滿二十年並在外國無居留權的香港特別行政區永久性居民中的中國公民擔任。

第七十二條

香港特別行政區立法會主席行使下列職權:

（一） 主持會議;

（二） 決定議程，政府提出的議案須優先列入議程;

（三） 決定開會時間;

（四） 在休會期間可召開特別會議;

（五） 應行政長官的要求召開緊急會議;

（六） 立法會議事規則所規定的其他職權。

第七十三條

香港特別行政區立法會行使下列職權:

（一） 根據本法規定並依照法定程序制定、修改和廢除法律;

（二） 根據政府的提案，審核、通過財政預算;

（三） 批准稅收和公共開支;

（四） 聽取行政長官的施政報告並進行辯論;

（五） 對政府的工作提出質詢;

（六） 就任何有關公共利益問題進行辯論;

（七） 同意終審法院法官和高等法院首席法官的任免;

（八） 接受香港居民申訴並作出處理;

（九） 如立法會全體議員的四分之一聯合動議，指控行政長官有嚴重違法或瀆職行為而不辭職，經立法會通過進行調查，立法會可委托終審法院首席法官負責組成獨立的調查委員會，並擔任主席。調查委員會負責進行調查，並向立法會提出報告。如該調查委員會認為有足夠證據構成上述指控，立法會以全體議員三分之二多數通過，可提出彈劾案，報請中央人民政府決定;

（十） 在行使上述各項職權時，如有需要，可傳召有關人士出席作證和提供證據。

第七十四條

香港特別行政區立法會議員根據本法規定並依照法定程序提出法律草案，凡不涉及公共開支或政治體制或政府運作者，可由立法會議員個別或聯名提出。凡涉及政府政策者，在提出前必須得到行政長官的書面同意。

第七十五條

香港特別行政區立法會舉行會議的法定人數為不少於全體議員的二分之一。

立法會議事規則由立法會自行制定，但不得與本法相抵觸。

第七十六條

香港特別行政區立法會通過的法案，須經行政長官簽署、公佈，方能生效。

第七十七條

香港特別行政區立法會議員在立法會的會議上發言，不受法律追究。

第七十八條

香港特別行政區立法會議員出席會議時和赴會途中不受逮捕。

第七十九條

香港特別行政區立法會議員如有下列情況之一，由立法會主席宣告其喪失立法會議員的資格：

（一）　因嚴重疾病或其他情況無力履行職務；

（二）　未得到立法會主席的同意，連續三個月不出席會議而無合理解釋者；

（三）　喪失或放棄香港特別行政區永久性居民的身份；

（四）　接受政府的委任而出任公務人員；

（五）　破產或經法庭裁定償還債務而不履行；

（六）　在香港特別行政區區內或區外被判犯有刑事罪行，判處監禁一個月以上，並經立法會出席會議的議員三分之二通過解除其職務；

（七）　行為不檢或違反誓言而經立法會出席會議的議員三分之二通過譴責。

第四節：司法機關

第八十條
香港特別行政區各級法院是香港特別行政區的司法機關，行使香港特別行政區的審判權。

第八十一條
香港特別行政區設立終審法院、高等法院、區域法院、裁判署法庭和其他專門法庭。高等法院設上訴法庭和原訟法庭。

原在香港實行的司法體制，除因設立香港特別行政區終審法院而產生變化外，予以保留。

第八十二條
香港特別行政區的終審權屬於香港特別行政區終審法院。終審法院可根據需要邀請其他普通法適用地區的法官參加審判。

第八十三條
香港特別行政區的各級法院的組織和職權由法律規定。

第八十四條
香港特別行政區法院依照本法第十八條所規定的適用於香港特別行政區的法律審判案件，其他普通法適用地區的司法判例可作參考。

第八十五條

香港特別行政區法院獨立進行審判,不受任何干涉,司法人員履行審判職責的行為不受法律追究。

第八十六條

原在香港實行的陪審制度的原則予以保留。

第八十七條

香港特別行政區的刑事訴訟和民事訴訟中保留原在香港適用的原則和當事人享有的權利。

任何人在被合法拘捕後,享有盡早接受司法機關公正審判的權利,未經司法機關判罪之前均假定無罪。

第八十八條

香港特別行政區法院的法官,根據當地法官和法律界及其他方面知名人士組成的獨立委員會推薦,由行政長官任命。

第八十九條

香港特別行政區法院的法官只有在無力履行職責或行為不檢的情況下,行政長官才可根據終審法院首席法官任命的不少於三名當地法官組成的審議庭的建議,予以免職。

香港特別行政區終審法院的首席法官只有在無力履行職責或行為不檢的情況下,行政長官才可任命不少於五名當地法官組成的審議庭進行審議,並可根據其建議,依照本法規定的程序,予以免職。

第九十條

香港特別行政區終審法院和高等法院的首席法官,應由在外國無居留權的香港特別行政區永久性居民中的中國公民擔任。

除本法第八十八條和第八十九條規定的程序外,香港特別行政區終審法

院的法官和高等法院首席法官的任命或免職，還須由行政長官徵得立法會同意，並報全國人民代表大會常務委員會備案。

第九十一條
香港特別行政區法官以外的其他司法人員原有的任免制度繼續保持。

第九十二條
香港特別行政區的法官和其他司法人員，應根據其本人的司法和專業才能選用，並可從其他普通法適用地區聘用。

第九十三條
香港特別行政區成立前在香港任職的法官和其他司法人員均可留用，其年資予以保留，薪金、津貼、福利待遇和服務條件不低於原來的標準。

對退休或符合規定離職的法官和其他司法人員，包括香港特別行區成立前已退休或離職者，不論其所屬國籍或居住地點，香港特別行政區政府按不低於原來的標準，向他們或其家屬支付應得的退休金、酬金、津貼和福利費。

第九十四條
香港特別行政區政府可參照原在香港實行的辦法，作出有關當地和外來的律師在香港特別行政區工作和執業的規定。

第九十五條
香港特別行政區可與全國其他地區的司法機關通過協商依法進行司法方面的聯繫和相互提供協助。

第九十六條
在中央人民政府協助或授權下，香港特別行政區政府可與外國就司法互助關係作出適當安排。

第五節：區域組織

第九十七條

香港特別行政區可設立非政權性的區域組織，接受香港特別行政區政府就有關地區管理和其他事務的諮詢，或負責提供文化、康樂、環境衛生等服務。

第九十八條

區域組織的職權和組成方法由法律規定。

第六節：公務人員

第九十九條

在香港特別行政區政府各部門任職的公務人員必須是香港特別行政區永久性居民。本法第一百零一條對外籍公務人員另有規定者或法律規定某一職級以下者不在此限。

公務人員必須盡忠職守，對香港特別行政區政府負責。

第一百條

香港特別行政區成立前在香港政府各部門，包括警察部門任職的公務人員均可留用，其年資予以保留，薪金、津貼、福利待遇和服務條件不低於原來的標準。

第一百零一條

香港特別行政區政府可任用原香港公務人員中的或持有香港特別行政區永久性居民身份證的英籍和其他外籍人士擔任政府部門的各級公務人員，但下列各職級的官員必須由在外國無居留權的香港特別行政區永久

性居民中的中國公民擔任：各司司長、副司長，各局局長，廉政專員，審計署署長，警務處處長，入境事務處處長，海關關長。

香港特別行政區政府還可聘請英籍和其他外籍人士擔任政府部門的顧問，必要時並可從香港特別行政區以外聘請合格人員擔任政府部門的專門和技術職務。上述外籍人士只能以個人身份受聘，對香港特別行政區政府負責。

第一百零二條

對退休或符合規定離職的公務人員，包括香港特別行政區成立前退休或符合規定離職的公務人員，不論其所屬國籍或居住地點，香港特別行政區政府按不低於原來的標準向他們或其家屬支付應得的退休金、酬金、津貼和福利費。

第一百零三條

公務人員應根據其本人的資格、經驗和才能予以任用和提升，香港原有關於公務人員的招聘、僱用、考核、紀律、培訓和管理的制度，包括負責公務人員的任用、薪金、服務條件的專門機構，除有關給予外籍人員特權待遇的規定外，予以保留。

第一百零四條

香港特別行政區行政長官、主要官員、行政會議成員、立法會議員、各級法院法官和其他司法人員在就職時必須依法宣誓擁護中華人民共和國香港特別行政區基本法，效忠中華人民共和國香港特別行政區。

註：
* 參閱《全國人民代表大會常務委員會關於〈中華人民共和國香港特別行政區基本法〉第五十三條第二款的解釋》(2005 年 4 月 27 日第十屆全國人民代表大會常務委員會第十五次會議通過)(見文件二十)

第五章：經濟

第一節：財政、金融、貿易和工商業

第一百零五條

香港特別行政區依法保護私人和法人財產的取得、使用、處置和繼承的權利，以及依法徵用私人和法人財產時被徵用財產的所有人得到補償的權利。

徵用財產的補償應相當於該財產當時的實際價值，可自由兌換，不得無故遲延支付。

企業所有權和外來投資均受法律保護。

第一百零六條

香港特別行政區保持財政獨立。

香港特別行政區的財政收入全部用於自身需要，不上繳中央人民政府。

中央人民政府不在香港特別行政區徵稅。

第一百零七條

香港特別行政區的財政預算以量入為出為原則，力求收支平衡，避免赤字，並與本地生產總值的增長率相適應。

第一百零八條

香港特別行政區實行獨立的稅收制度。

香港特別行政區參照原在香港實行的低稅政策，自行立法規定稅種、稅率、稅收寬免和其他稅務事項。

第一百零九條

香港特別行政區政府提供適當的經濟和法律環境，以保持香港的國際金融中心地位。

第一百一十條

香港特別行政區的貨幣金融制度由法律規定。

香港特別行政區政府自行制定貨幣金融政策，保障金融企業和金融市場的經營自由，並依法進行管理和監督。

第一百一十一條

港元為香港特別行政區法定貨幣，繼續流通。

港幣的發行權屬於香港特別行政區政府。港幣的發行須有百分之百的準備金。港幣的發行制度和準備金制度，由法律規定。

香港特別行政區政府，在確知港幣的發行基礎健全和發行安排符合保持港幣穩定的目的的條件下，可授權指定銀行根據法定權限發行或繼續發行港幣。

第一百一十二條

香港特別行政區不實行外匯管制政策。港幣自由兌換。繼續開放外匯、黃金、證券、期貨等市場。

香港特別行政區政府保障資金的流動和進出自由。

第一百一十三條

香港特別行政區的外匯基金，由香港特別行政區政府管理和支配，主要用於調節港元匯價。

第一百一十四條

香港特別行政區保持自由港地位，除法律另有規定外，不徵收關稅。

第一百一十五條

香港特別行政區實行自由貿易政策，保障貨物、無形財產和資本的流動自由。

第一百一十六條

香港特別行政區為單獨的關稅地區。

香港特別行政區可以 " 中國香港 " 的名義參加《關稅和貿易總協定》、關於國際紡織品貿易安排等有關國際組織和國際貿易協定,包括優惠貿易安排。

香港特別行政區所取得的和以前取得仍繼續有效的出口配額、關稅優惠和達成的其他類似安排,全由香港特別行政區享有。

第一百一十七條

香港特別行政區根據當時的產地規則,可對產品簽發產地來源證。

第一百一十八條

香港特別行政區政府提供經濟和法律環境,鼓勵各項投資、技術進步並開發新興產業。

第一百一十九條

香港特別行政區政府制定適當政策,促進和協調製造業、商業、旅遊業、房地產業、運輸業、公用事業、服務性行業、漁農業等各行業的發展,並注意環境保護。

第二節:土地契約

第一百二十條

香港特別行政區成立以前已批出、決定、或續期的超越一九九七年六月三十日年期的所有土地契約和與土地契約有關的一切權利,均按香港特別行政區的法律繼續予以承認和保護。

第一百二十一條

從一九八五年五月二十七日至一九九七年六月三十日期間批出的，或原沒有續期權利而獲得續期的，超出一九九七年六月三十日年期而不超過二〇四七年六月三十日的一切土地契約，承租人從一九九七年七月一日起不補地價，但需每年繳納相當於當日該土地應課差餉租值百分之三的租金。此後，隨應課差餉租值的改變而調整租金。

第一百二十二條

原舊批約地段、鄉村屋地、丁屋地和類似的農村土地，如該土地在一九八四年六月三十日的承租人，或在該日以後批出的丁屋地承租人，其父系為一八九八年在香港的原有鄉村居民，只要該土地的承租人仍為該人或其合法父系繼承人，原定租金維持不變。

第一百二十三條

香港特別行政區成立以後滿期而沒有續期權利的土地契約，由香港特別行政區自行制定法律和政策處理。

第三節：航運

第一百二十四條

香港特別行政區保持原在香港實行的航運經營和管理體制，包括有關海員的管理制度。

香港特別行政區政府自行規定在航運方面的具體職能和責任。

第一百二十五條

香港特別行政區經中央人民政府授權繼續進行船舶登記，並根據香港特別行政區的法律以＂中國香港＂的名義頒發有關證件。

第一百二十六條

除外國軍用船隻進入香港特別行政區須經中央人民政府特別許可外，其他船舶可根據香港特別行政區法律進出其港口。

第一百二十七條

香港特別行政區的私營航運及與航運有關的企業和私營集裝箱碼頭，可繼續自由經營。

第四節：民用航空

第一百二十八條

香港特別行政區政府應提供條件和採取措施，以保持香港的國際和區域航空中心的地位。

第一百二十九條

香港特別行政區繼續實行原在香港實行的民用航空管理制度，並按中央人民政府關於飛機國籍標誌和登記標誌的規定，設置自己的飛機登記冊。

外國國家航空器進入香港特別行政區須經中央人民政府特別許可。

第一百三十條

香港特別行政區自行負責民用航空的日常業務和技術管理，包括機場管理，在香港特別行政區飛行情報區內提供空中交通服務，和履行國際民用航空組織的區域性航行規劃程序所規定的其他職責。

第一百三十一條

中央人民政府經同香港特別行政區政府磋商作出安排，為在香港特別行政區註冊並以香港為主要營業地的航空公司和中華人民共和國的其他航空公司，提供香港特別行政區和中華人民共和國其他地區之間的往返航班。

第一百三十二條

凡涉及中華人民共和國其他地區同其他國家和地區的往返並經停香港特別行政區的航班，和涉及香港特別行政區同其他國家和地區的往返並經停中華人民共和國其他地區航班的民用航空運輸協定，由中央人民政府簽訂。

中央人民政府在簽訂本條第一款所指民用航空運輸協定時，應考慮香港特別行政區的特殊情況和經濟利益，並同香港特別行政區政府磋商。

中央人民政府在同外國政府商談有關本條第一款所指航班的安排時，香港特別行政區政府的代表可作為中華人民共和國政府代表團的成員參加。

第一百三十三條

香港特別行政區政府經中央人民政府具體授權可：

(一) 續簽或修改原有的民用航空運輸協定和協議；

(二) 談判簽訂新的民用航空運輸協定，為在香港特別行政區註冊並以香港為主要營業地的航空公司提供航線，以及過境和技術停降權利；

(三) 同沒有簽訂民用航空運輸協定的外國或地區談判簽訂臨時協議。

不涉及往返、經停中國內地而只往返、經停香港的定期航班，均由本條所指的民用航空運輸協定或臨時協議予以規定。

第一百三十四條

中央人民政府授權香港特別行政區政府：

(一) 同其他當局商談並簽訂有關執行本法第一百三十三條所指民用航空運輸協定和臨時協議的各項安排；

(二) 對在香港特別行政區註冊並以香港為主要營業地的航空公司簽發執照；

(三) 依照本法第一百三十三條所指民用航空運輸協定和臨時協議指定航空公司；

(四) 對外國航空公司除往返、經停中國內地的航班以外的其他航班簽發許可證。

第一百三十五條

香港特別行政區成立前在香港註冊並以香港為主要營業地的航空公司和與民用航空有關的行業，可繼續經營。

第六章：教育、科學、文化、體育、宗教、勞工和社會服務

第一百三十六條

香港特別行政區政府在原有教育制度的基礎上，自行制定有關教育的發展和改進的政策，包括教育體制和管理、教學語言、經費分配、考試制度、學位制度和承認學歷等政策。

社會團體和私人可依法在香港特別行政區興辦各種教育事業。

第一百三十七條

各類院校均可保留其自主性並享有學術自由，可繼續從香港特別行政區以外招聘教職員和選用教材。宗教組織所辦的學校可繼續提供宗教教育，包括開設宗教課程。

學生享有選擇院校和在香港特別行政區以外求學的自由。

第一百三十八條

香港特別行政區政府自行制定發展中西醫藥和促進醫療衛生服務的政策。社會團體和私人可依法提供各種醫療衛生服務。

第一百三十九條

香港特別行政區政府自行制定科學技術政策，以法律保護科學技術的研究成果、專利和發明創造。

香港特別行政區政府自行確定適用於香港的各類科學、技術標準和規格。

第一百四十條

香港特別行政區政府自行制定文化政策，以法律保護作者在文學藝術創作中所獲得的成果和合法權益。

第一百四十一條

香港特別行政區政府不限制宗教信仰自由，不干預宗教組織的內部事務，不限制與香港特別行政區法律沒有抵觸的宗教活動。

宗教組織依法享有財產的取得、使用、處置、繼承以及接受資助的權利。財產方面的原有權益仍予保持和保護。

宗教組織可按原有辦法繼續興辦宗教院校、其他學校、醫院和福利機構以及提供其他社會服務。

香港特別行政區的宗教組織和教徒可與其他地方的宗教組織和教徒保持和發展關係。

第一百四十二條

香港特別行政區政府在保留原有的專業制度的基礎上，自行制定有關評審各種專業的執業資格的辦法。

在香港特別行政區成立前已取得專業和執業資格者，可依據有關規定和專業守則保留原有的資格。

香港特別行政區政府繼續承認在特別行政區成立前已承認的專業和專業團體，所承認的專業團體可自行審核和頒授專業資格。

香港特別行政區政府可根據社會發展需要並諮詢有關方面的意見，承認新的專業和專業團體。

第一百四十三條

香港特別行政區政府自行制定體育政策。民間體育團體可依法繼續存在和發展。

第一百四十四條

香港特別行政區政府保持原在香港實行的對教育、醫療衛生、文化、藝術、康樂、體育、社會福利、社會工作等方面的民間團體機構的資助政策。原在香港各資助機構任職的人員均可根據原有制度繼續受聘。

第一百四十五條

香港特別行政區政府在原有社會福利制度的基礎上，根據經濟條件和社會需要，自行制定其發展、改進的政策。

第一百四十六條

香港特別行政區從事社會服務的志願團體在不抵觸法律的情況下可自行決定其服務方式。

第一百四十七條

香港特別行政區自行制定有關勞工的法律和政策。

第一百四十八條

香港特別行政區的教育、科學、技術、文化、藝術、體育、專業、醫療衛生、勞工、社會福利、社會工作等方面的民間團體和宗教組織同內地相應的團體和組織的關係，應以互不隸屬、互不干涉和互相尊重的原則為基礎。

第一百四十九條

香港特別行政區的教育、科學、技術、文化、藝術、體育、專業、醫療衛生、勞工、社會福利、社會工作等方面的民間團體和宗教組織可同世界各國、各地區及國際的有關團體和組織保持和發展關係，各該團體和組織可根據需要冠用＂中國香港＂的名義，參與有關活動。

第七章：對外事務

第一百五十條

香港特別行政區政府的代表，可作為中華人民共和國政府代表團的成員，參加由中央人民政府進行的同香港特別行政區直接有關的外交談判。

第一百五十一條

香港特別行政區可在經濟、貿易、金融、航運、通訊、旅遊、文化、體育等領域以"中國香港"的名義，單獨地同世界各國、各地區及有關國際組織保持和發展關係，簽訂和履行有關協議。

第一百五十二條

對以國家為單位參加的、同香港特別行政區有關的、適當領域的國際組織和國際會議，香港特別行政區政府可派遣代表作為中華人民共和國代表團的成員或以中央人民政府和上述有關國際組織或國際會議允許的身份參加，並以"中國香港"的名義發表意見。

香港特別行政區可以"中國香港"的名義參加不以國家為單位參加的國際組織和國際會議。

對中華人民共和國已參加而香港也以某種形式參加了的國際組織，中央人民政府將採取必要措施使香港特別行政區以適當形式繼續保持在這些組織中的地位。

對中華人民共和國尚未參加而香港已以某種形式參加的國際組織，中央人民政府將根據需要使香港特別行政區以適當形式繼續參加這些組織。

第一百五十三條

中華人民共和國締結的國際協議，中央人民政府可根據香港特別行政區的情況和需要，在徵詢香港特別行政區政府的意見後，決定是否適用於香港特別行政區。

中華人民共和國尚未參加但已適用於香港的國際協議仍可繼續適用。中

央人民政府根據需要授權或協助香港特別行政區政府作出適當安排，使其他有關國際協議適用於香港特別行政區。

第一百五十四條

中央人民政府授權香港特別行政區政府依照法律給持有香港特別行政區永久性居民身份證的中國公民簽發中華人民共和國香港特別行政區護照，給在香港特別行政區的其他合法居留者簽發中華人民共和國香港特別行政區的其他旅行證件。上述護照和證件，前往各國和各地區有效，並載明持有人有返回香港特別行政區的權利。

對世界各國或各地區的人入境、逗留和離境，香港特別行政區政府可實行出入境管制。

第一百五十五條

中央人民政府協助或授權香港特別行政區政府與各國或各地區締結互免簽證協議。

第一百五十六條

香港特別行政區可根據需要在外國設立官方或半官方的經濟和貿易機構，報中央人民政府備案。

第一百五十七條

外國在香港特別行政區設立領事機構或其他官方、半官方機構，須經中央人民政府批准。

已同中華人民共和國建立正式外交關係的國家在香港設立的領事機構和其他官方機構，可予保留。

尚未同中華人民共和國建立正式外交關係的國家在香港設立的領事機構和其他官方機構，可根據情況允許保留或改為半官方機構。

尚未為中華人民共和國承認的國家，只能在香港特別行政區設立民間機構。

第八章：本法的解釋和修改

第一百五十八條

本法的解釋權屬於全國人民代表大會常務委員會。

全國人民代表大會常務委員會授權香港特別行政區法院在審理案件時對本法關於香港特別行政區自治範圍內的條款自行解釋。

香港特別行政區法院在審理案件時對本法的其他條款也可解釋。但如香港特別行政區法院在審理案件時需要對本法關於中央人民政府管理的事務或中央和香港特別行政區關係的條款進行解釋，而該條款的解釋又影響到案件的判決，在對該案件作出不可上訴的終局判決前，應由香港特別行政區終審法院請全國人民代表大會常務委員會對有關條款作出解釋。如全國人民代表大會常務委員會作出解釋，香港特別行政區法院在引用該條款時，應以全國人民代表大會常務委員會的解釋為準。但在此以前作出的判決不受影響。

全國人民代表大會常務委員會在對本法進行解釋前，徵詢其所屬的香港特別行政區基本法委員會的意見。

第一百五十九條

本法的修改權屬於全國人民代表大會。

本法的修改提案權屬於全國人民代表大會常務委員會，國務院和香港特別行政區。香港特別行政區的修改議案，須經香港特別行政區的全國人民代表大會代表三分之二多數、香港特別行政區立法會全體議員三分之二多數和香港特別行政區行政長官同意後，交由香港特別行政區出席全國人民代表大會的代表團向全國人民代表大會提出。

本法的修改議案在列入全國人民代表大會的議程前，先由香港特別行政區基本法委員會研究並提出意見。

本法的任何修改，均不得同中華人民共和國對香港既定的基本方針政策相抵觸。

第九章：附則

第一百六十條

香港特別行政區成立時，香港原有法律除由全國人民代表大會常務委員會宣佈為同本法抵觸者外，採用為香港特別行政區法律，如以後發現有的法律與本法抵觸，可依照本法規定的程序修改或停止生效。

在香港原有法律下有效的文件、證件、契約和權利義務，在不抵觸本法的前提下繼續有效，受香港特別行政區的承認和保護。

有關基本法附件及文件，請用手機掃瞄 QR Code

有關國安法附件及文件，請用手機掃瞄 QR Code

看得喜 放不低

創出喜閱新思維

書名	公務員入職 基本法及國安法測試 熱門試題王（第二版）
ISBN	978-988-76628-0-8
定價	HK$128
出版日期	2022年11月
作者	Fong Sir
責任編輯	投考公務員系列編輯部
版面設計	Sam
出版	文化會社有限公司
電郵	editor@culturecross.com
網址	www.culturecross.com
發行	聯合新零售（香港）有限公司
	地址：香港鰂魚涌英皇道1065號東達中心1304-06室
	電話：（852）2963 5300
	傳真：（852）2565 0919

網上購買 請登入以下網址：

一本 My Book One　　香港書城 Hong Kong Book City

（www.mybookone.com.hk）　（www.hkbookcity.com）